高等教育美术专业与艺术设计专业"十三五"规划教材

3ds Max&VRay 室内外效果图制作实训

3dsMax&VRay SHINEIWAI XIAOGUOTU ZHIZUO SHIXUN

主　编　牛　峰　王　静　卢国新
副主编　杨　帆

U0286982

西南交通大学出版社

·成都·

内 容 简 介 本书循序渐进地讲解了使用 3ds Max & VRay 软件制作照片级效果图的操作步骤。其技术要点全面，案例制作精美，步骤清晰，详略得当，兼具技术手册和应用技巧参考手册的特点。本书不仅可以作为学习 3ds Max & VRay 效果图制作的初、中级读者的自学用书，也可以作为相关专业以及效果图制作培训班的教材，另外还适合从事室内外效果图设计工作的各类人员自学。同时，本书对于有一定 3ds Max 操作基础的读者也具有参考价值。

图书在版编目（CIP）数据

3ds Max&VRay 室内外效果图制作实训 / 牛峰，王静，卢国新主编 . —成都：西南交通大学出版社，2016.8

高等教育美术专业与艺术设计专业"十三五"规划教材

ISBN 978-7-5643-4950-9

Ⅰ . ① 3… Ⅱ . ①牛… ②王… ③卢… Ⅲ . ①室内装饰设计—计算机辅助设计—三维动画软件—高等学校—教材 Ⅳ . ① TU238-39

中国版本图书馆 CIP 数据核字（2016）第 200736 号

高等教育美术专业与艺术设计专业"十三五"规划教材

3ds Max&VRay 室内外效果图制作实训

主编　牛 峰　　王 静　　卢国新

责任编辑	宋彦博
封面设计	姜宜彪

出版发行	西南交通大学出版社 （四川省成都市二环路北一段 111 号 西南交通大学创新大厦 21 楼）
电　　话	028-87600564　　028-87600533
邮政编码	610031
网　　址	http://www.xnjdcbs.com

印　　刷	河北鸿祥印刷有限公司
成品尺寸	185 mm × 260 mm
印　　张	20.25
字　　数	441 千字
版　　次	2016 年 8 月第 1 版
印　　次	2016 年 8 月第 1 次
书　　号	ISBN 978-7-5643-4950-9
定　　价	68.50 元

前　言

　　这是一本应用 3ds Max＆VRay 以及 Photoshop 软件制作室内外效果图的速成教材。室内外效果图是建筑表现中一个很重要的组成部分。随着行业的发展，室内外效果图在制作工艺和流程方面的要求越来越精细和严格，以手工绘制各种室内外效果图，越来越难以满足当今行业的发展需求，而应用计算机进行建筑设计和效果图制作，逐渐成为本行业的主流。Autodesk 公司的 3ds Max 软件是目前设计师们的首选软件。它已经广泛应用于三维动画制作、建筑效果图设计与制作、工程设计和动态仿真等各个领域。

　　随着国内建筑、装饰装潢等相关行业的迅猛发展，越来越多的人开始涉足设计领域。建筑设计效果图不仅能用于选项招标、指导施工，而且也是极具欣赏价值的艺术作品。它不仅要求设计人员具有对建筑结构、施工工艺、色彩、环境、材质、灯光等各个方面的综合运用能力，也要求设计人员自身具有极高的艺术素养和丰富的空间想象力。广大的建筑计算机效果图绘制人员、动画设计人员、计算机图形爱好者及相关专业的大专院校师生，都希望掌握该软件。为此，我们根据近年来的工作和教学经验，结合该软件的特点及其在效果图制作上的应用，编写了本书，希望它能对推广使用 3ds Max 制作效果图起到积极的作用。

　　本书作者均具有深厚的室内外效果图制作功底，以及多年的相关教学经验。我们将多年积累的具有实用价值的知识点、经验、操作技巧等毫无保留地通过本书奉献给广大读者，目的是使读者在最短的时间内掌握室内外效果图的制作技巧。全书策划周详，每个章节均穿插着各种创作技巧，每种范例的制作几乎囊括了相关效果图制作的所有技法。

　　本书通过步步深入的讲解方式剖析各种实用命令在效果图中的应用，内容由浅入深、循序渐进，力争涵盖所有常用知识点。全书从实用角度出发，注重图文并茂、通俗易懂、实例典型、学用结合，并具有较强的针对性，既适合初学者，也同样适合已经涉足设计领域的专业人员，更适合作为培训教材。因为本书包含了很多实用的技巧，因此能为读者开辟一条学习的捷径。

　　在本书的编写过程中，我们力求精益求精，但由于水平有限，加之时间仓促，书中难免存在一些不足之处，恳请广大读者和专家批评指正。

编　者

2016 年 6 月

目　录

第 1 章　了解 3ds Max 2012

2012 年，Autodesk 公司在旧金山举行的游戏开发者大会（GDC）上，推出了旗下著名三维软件 Autodesk 3ds Max 的第 12 个版本——3ds Max 2012 与 3ds Max Design 2012。此次版本升级中最大的改进是一整套多边形（Poly）建模工具的飞跃式增强——Graphite（石墨建模工具），此外还有 Viewport（窗口）实时显示增强、Review 3 的引入、xView Mesh Analyzer 模型分析工具、ProOptimizer（超级优化）修改器、更强大的场景管理、与其他软件的整合能力等共约 350 项改进与增强。

3ds Max 2012 可以提供功能强大的 3D 建模、动画、渲染集成式解决方案，其方便使用的工具使设计者能够迅速展开制作工作。3ds Max 能让设计可视化专业人员、游戏开发人员、电影与视频艺术家、多媒体设计师（平面和网络）以及 3D 爱好者在更短的时间内制作出令人难以置信的作品。

1.1　3ds Max 2012 的操作界面

学习 3ds Max 2012，我们首先应熟悉它的界面。第一次启动 3ds Max 2012 会弹出如图 1-1-1 所示的窗口。

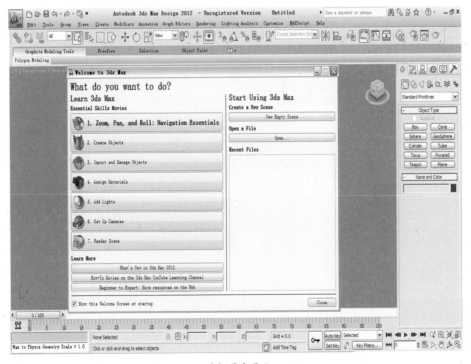

(a) 英文界面

(b) 中文界面

图 1-1-1　3ds Max 2012 的启动窗口

1.1.1　3ds Max 2012 的界面布局

默认情况下，在开启 3ds Max 2012 时可以发现其与之前版本相比最大的变化就是界面菜单的变化，其中改变最大的莫过于菜单栏和图标栏了。大部分图标都经过了重新设计，界面的颜色可以自定义为深灰色或者是浅灰色，给人更加专业的感觉。如果用户不习惯深灰色的界面，可以通过以下操作将界面的颜色调整为浅灰色的界面。

单击屏幕上方菜单 Customize（自定义），然后单击下拉菜单"Load Custom Scheme"（加载自定义用户界面方案）选项，如图 1-1-2 所示。

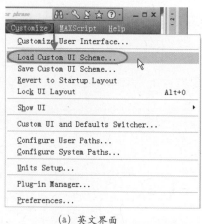

(a) 英文界面

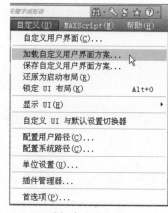

(b) 中文界面

图 1-1-2　自定义菜单

在弹出的窗口中依次打开安装 3ds Max 2012 的路径，再打开"UI"文件夹，从中选择"3ds Max 2009.ui"或者"ame-light.ui"，如图 1-1-3 所示，并单击 打开(O) 按钮。

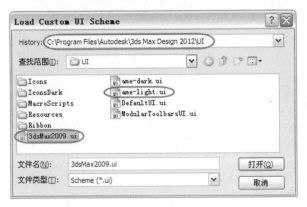

图 1-1-3　选择 "3ds Max 2009.ui"

稍等片刻，操作界面的颜色将变为浅灰色，如图 1-1-4 所示。

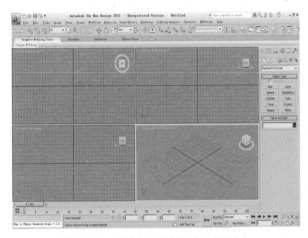

图 1-1-4　操作界面的颜色已变为浅灰色

如果从 "UI" 文件夹中选择 "ame-dark.ui"，则界面显示为深灰色。

1. 界面

3ds Max 2012 对界面进行了全新升级，目的是便于和其他软件组合运用。它不仅有 Windows 环境下标准应用程序的界面布局特点，还有自己的特色。同时，类似于 Microsoft Office 2007 的操作界面，也出现在 3ds Max 2012 中，如图 1-1-5 所示。这样的界面在 Autodesk 公司其他代号为 2012 版的软件中也会使用，从而避免用户像以往一样一直在面板中找按钮，进而提高了操作效率。

图 1-1-5　类似于 Microsoft Office 2007 的操作界面

如图 1-1-6 所示，左上角的大图标就是以往的【File】（文件）菜单，可以用来更直接、更快速地执行指令。将鼠标移至该按钮上等待片刻，会出现操作提示，如图 1-1-6 所示。

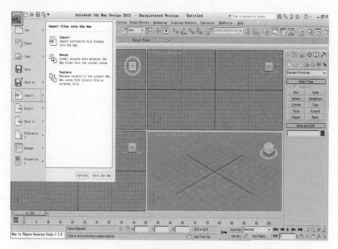

(a) 英文界面

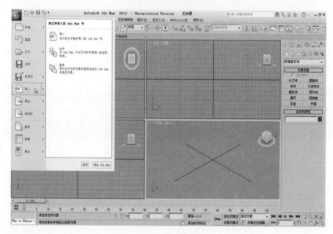

(b) 中文界面

图 1-1-6 【File】（文件）菜单

2. 工具栏

1) 快速存取工具栏

3ds Max 2012 新增了快速存取工具栏（Quick Access Toolbar），让用户可以快速执行指令，亦可以自行增加按钮，如图 1-1-7 所示。

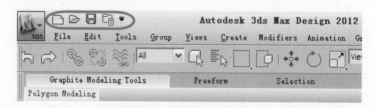

图 1-1-7 快速存取工具栏

2）石墨（Graphite）建模工具栏

3ds Max 2012 提供了超过100种新塑模工具，可用于快速、自由地制作复杂的多边形模型。在新的面板中能更容易地找到所需要的工具，也可以自定义按钮，让设计师的创意无限延伸。石墨建模工具栏分为三个部分：Graphite Modeling Tools（石墨建模工具）、Freeform（自由形式）和Selection（选择）。将鼠标放置在对应的按钮上，就会弹出相应的命令面板。

Graphite Modeling Tools（石墨建模工具）如图1-1-8所示。

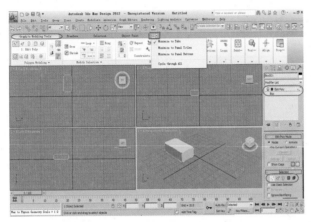

(a) 英文界面

(b) 中文界面

图1-1-8　Graphite Modeling Tools（石墨建模工具）

提示　Graphite Modeling Tools（石墨建模工具）中的所有工具按钮，必须是在场景中创建的对象已经转换为可编辑多边形，并且处于选择状态下，才会全部显示出来。而且，在不同的次物体级（　　　　　）选择状态下显示的命令也不相同。

Freeform（自由形式）如图1-1-9所示。

(a) 英文界面

(b) 中文界面

图1-1-9　Freeform（自由形式）

Selection（选择）如图 1-1-10 所示。

(a) 英文界面

(b) 中文界面

图 1-1-10　Selection（选择）

提示　Selection（选择）中的所有工具按钮，必须是在场景对象已经转换为可编辑多边形，并且是在次物体级点、边、面、多边形、元素的某一项处于选择状态下，才会全部显示出来。

石墨（Graphite）建模工具模块曾经是独立的脚本插件 PolyBoost，目前已经被整合进入 3ds Max，并更名为 Graphite Modeling Tools。这个工具为 3ds Max 的 Poly 建模提供了很大的便利。无论是点、边、面的操作还是选择形式，都能应对最苛刻的制作需求。这套工具中还提供了雕塑和直接绘制贴图的功能。其中雕塑功能和 Zbrush 软件的操作方式类似，可以随意控制模型表面的凸起和凹陷。

3）Main Toolbar（主要工具栏）

主要工具栏包含了 3ds Max 2012 中使用频率最高的各种调节工具，如图 1-1-11 所示。

图 1-1-11　主要工具栏

技巧　如果显示器的分辨率低于"1280×1024"，工具栏会显示不全。此时，可以将鼠标移至工具按钮的空白处，鼠标箭头会变成，此时按住鼠标左键移动工具栏即可。

3ds Max 界面还有一些隐藏工具栏，在默认情况下是不可见的。想让它们显示出来，则可以将鼠标移至主要工具栏的空白区域，当鼠标箭头变成时，单击鼠标右键，此时就会弹出隐藏工具栏。如图 1-1-12 所示，已经勾选的工具栏是已在操作界面中显示的工具栏。

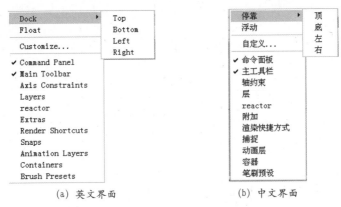

(a) 英文界面　　　　　　　　　(b) 中文界面

图 1-1-12　调整隐藏工具栏

3. 菜单栏

3ds Max 2012 有非常丰富的菜单命令，如图 1-1-13 所示。

(a) 英文界面

(b) 中文界面

图 1-1-13　菜单栏

使用菜单命令可以完成很多操作，而且有些命令只有菜单中才有，比如物体的选择和成组必须使用菜单中的命令。下面以 Tools（工具）菜单为例说明 3ds Max 2012 菜单的结构。

如图 1-1-14 所示，在菜单中，不同作用的命令被分隔线隔开；如果选择的命令后面有三个点，那么选择后将会出现一个窗口（对话框）；比较常用的命令右侧一般会有快捷键，当然我们也可以自定义快捷键；如果命令的右侧有一个小箭头，那么在选中这个命令后会弹出命令子菜单。

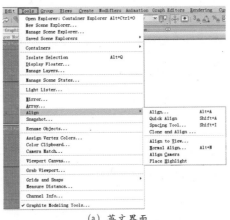

(a) 英文界面

(b) 中文界面

图 1-1-14 3ds Max 2012 中 Tools（工具）菜单的结构

4. 视图控制菜单

以往的 3ds Max 版本中，在任意视图左上角的视图文字上按右键可以挑选视图控制功能，而 3ds Max 2012 则直接将视图控制菜单分为三类，分别控制视端口选项、视图选项、显示方式选项，直接选取即可执行。

（1）视端口选项控制菜单，如图 1-1-15 所示。

(a) 英文界面   (b) 中文界面

图 1-1-15 视端口选项

（2）视图选项控制菜单，如图 1-1-16 所示。

(a) 英文界面   (b) 中文界面

图 1-1-16 视图选项

（3）显示方式选项控制菜单，如图1-1-17所示。

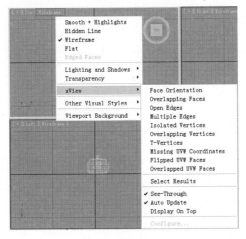

(a) 英文界面

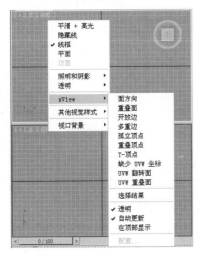

(b) 中文界面

图1-1-17 显示方式选项

5.Views（视图＜视口＞）

3ds Max 2012用户界面的最大区域被分割成四个相等的矩形区域，称为视图（Views）或者视口（Viewports）。视口是主要工作区域，每个视口的左上角都有一个标签。启动3ds Max 2012后默认的四个视口的标签是Top（顶视图）、Front（前视图）、Left（左视图）和Perspective（透视视图），如图1-1-18所示。

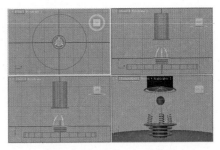

图1-1-18 四个视口的标签

每个视口都包含垂直线和水平线，这些线组成了 3ds Max 2012 的主栅格。主栅格包含黑色垂直线和黑色水平线，这两条线在三维空间的中心相交，交点的坐标是 X=0、Y=0 和 Z=0；其余栅格都为灰色显示。

Top 视口、Front 视口和 Left 视口显示的场景没有透视效果，这就意味着在这些视口中同一方向的栅格线总是平行的，不能相交。Perspective 视口显示的场景可以产生远大近小的空间感，便于我们对立体场景进行观察。Perspective 视口中的栅格线是可以相交的。

6.Command Panels（命令面板）

用户界面的右边是命令面板，如图 1-1-19 所示，它所处的位置表明它在 3ds Max 2012 的操作中起着举足轻重的作用。它又分为六个标签面板，从左向右依次为 ✳ Create（创建）面板、 ✎ Modify（修改）面板、 ⊞ Hierarchy（层级）面板、 ◎ Motion（运动）面板、 ▢ Display（显示）面板和 ⚒ Utilities（程序）面板。它们包含创建对象、处理几何体和创建动画需要的所有命令。它里面的很多命令按钮与菜单中的命令是一一对应的。每个面板都有自己的选项集。例如，Create 面板包含创建各种不同对象，如 Standard Primitives（标准几何体）、Compound Objects（组合对象）和 Particle Systems（粒子系统）等的工具，而 Modify 面板包含修改对象的特殊工具，如图 1-1-20 所示。

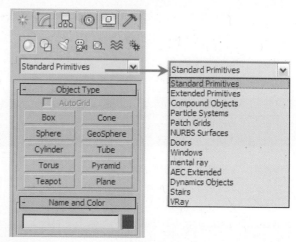

(a) 英文界面

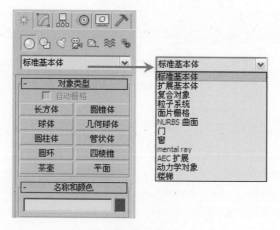

(b) 中文界面

图 1-1-19　命令面板

(a) 英文界面　　　　　　　　　　　　　　(b) 中文界面

图 1-1-20　Modify（修改）面板

7.Viewport Navigation Controls（视口导航控制按钮）

用户界面的右下角包含视口的导航控制按钮，如图 1-1-21 所示。这些按钮用于对中间的视图区域进行调节，比如视图的平移、旋转和缩放等操作。

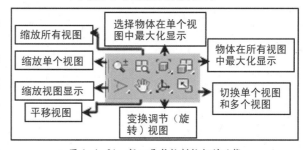

图 1-1-21　视口导航控制按钮的功能

 技巧：单击 ⟲ 按钮后，在透视图中按住鼠标左键并拖拽，可以环绕透视图查看效果。还有一种方式等同于 ⟲ 按钮的作用，就是直接在透视图中按住【Alt】键的同时按下鼠标的滚轮不要松开并拖拽鼠标，即可实现环绕查看视图。如果用该方法在其他三个视图中操作，可以将视图转换为 User（用户视图），当然可以再按键盘上的【T】、【F】、【L】快捷键将视图转换回顶视图、前视图、左视图。

3ds Max 2012 还新增了视图控制功能。每一个视图的右上角都有一个控制视图的图标，如图 1-1-22 所示。直接用鼠标点击图标即可变换视图。

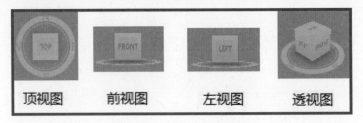

顶视图　　　前视图　　　左视图　　　透视图

图 1-1-22　四个控制视图的图标

还有一种更便捷的方法可用来改变视图，就是应用快捷键。先用鼠标左键或者右键单击需要改变的视图，将其激活（被激活的视图外框是黄色的），然后在键盘上敲击视图相应的快捷键，被激活的视图即可转换到对应的视图。转换视图的快捷键如表 1-1 所示。

表 1-1　转换视图的快捷键

快捷键	视图英文名称	视图中文名称
T	Top View	顶视图
B	Bottom view	底视图
F	Front View	前视图
L	Left view	左视图
C	Camera View	相机视图
$	Light view	聚光灯视图
P	Perspective View	透视图
U	User View	用户视图

8.Time Controls（时间控制按钮）

视口导航控制按钮的左边是时间控制按钮，如图 1-1-23 所示，也被称为动画控制按钮。它们的功能和外形类似于媒体播放机里的按钮。单击 ▶ 按钮可以播放动画，单击 ◀ 或 ▶ 按钮可以前进或者后退一帧。在设置动画时，按下【Auto Key】按钮，它将变红，表明处于动画记录模式。该模式意味着在当前帧进行的任何修改操作都将被记录成动画。

图 1-1-23　动画时间控制按钮

9.Status bar and Prompt line（状态栏和提示行）

时间控制按钮的左边是状态栏和提示行，如图 1-1-24 所示。状态栏有许多用于帮助用户创建和处理对象的参数显示区。

图 1-1-24　状态栏和提示行

1.1.2　3ds Max 2012 视图（视口）操作

通常情况下将整个作图区域称为"视窗"，而将视窗中的一部分称为"视口"或"视图"。

1. 视图的布局与转换

在默认情况下，3ds Max 2012 使用四个视图来显示场景中的物体：三个正交视图和一个透视图。在创作过程中，用户完全可以依照自己的操作习惯和实际需要任意配置各个视图。

3ds Max 2012 中视图（视口）的设置方法如下：

单击【Customize】（自定义）菜单栏→【Viewport Configuration…】（视口配置）命令，打开 Viewport Configuration 对话框，选择【Layout】（布局）选项卡，弹出视口配置窗口，如图 1-1-25 所示。

用户可在 3ds Max 提供的 14 种视口配置方案中，选择一种适合于自己操作需要的布局方案，并单击【OK】按钮。

技巧　在视口导航控制区域的任何地方单击鼠标右键也可以访问 Viewport Configuration 对话框。

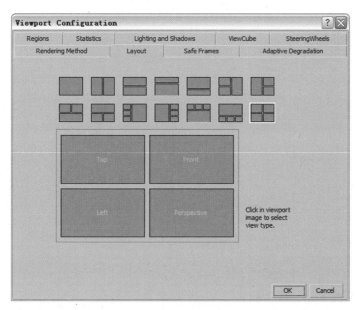

(a) 英文界面

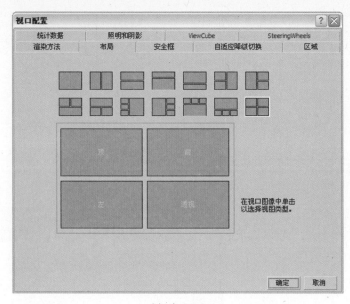

(b) 中文界面

图 1-1-25 视口配置窗口

2. 改变视图大小

在 3ds Max 2012 中，只要将鼠标移动至两个视图的交界处（视图的水平或垂直分割线），当鼠标箭头变成上下双箭头 ⇕ 或者左右双箭头 ⇔ 时，按住鼠标左键并拖动鼠标即可改变视图的大小，如图 1-1-26 所示。

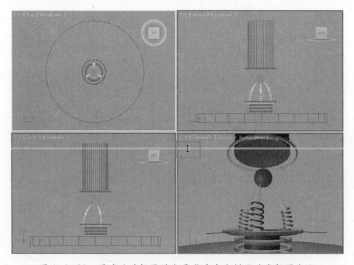

图 1-1-26 通过移动视图的水平或垂直分割线改变视图大小

还可以将鼠标移动至四个视图的交界处，当鼠标箭头变成 ✛ 形状时，按住鼠标左键并拖动鼠标就可以改变视图的大小，如图 1-1-27 所示。

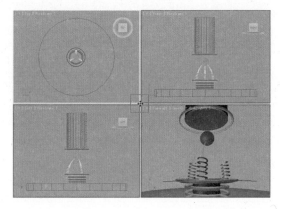

图 1-1-27 通过在四个视图的交界处拖动鼠标改变视图的大小

如果要将视图恢复到原始大小，可以在缩放视图的交界处单击鼠标右键，然后在弹出的快捷菜单中单击【Reset Layout】（重新设定布局）即可，如图 1-1-28 所示。

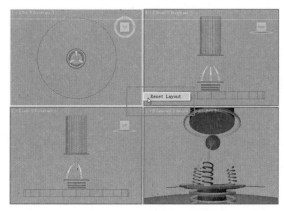

图 1-1-28 恢复布局

技巧 如果在改变了某一工具栏的位置后又想恢复回到原来系统默认的布局形式，可以单击菜单栏中的【Customize】（自定义）菜单，然后从下拉菜单中选择【Revert to Startup Layout】（恢复到启动版面）命令，最后在弹出的对话框中单击【是（Y）】按钮，界面就会恢复回原始的布局形式。

3. 视图显示模式的转换

在 3ds Max 2012 中有多种视图显示模式可供选择。在系统默认情况下，顶视图、前视图和左视图三个正交视图是采用【Wireframe】（线框）显示模式，而透视图则采用【Smooth+Highlights】（光滑加高光）显示模式。

光滑加高光显示模式，其显示效果逼真，但是刷新速度慢；线框显示模式只能显示物体的线框轮廓，但是刷新速度快，可以加快计算机的处理速度。特别地，当处理大型、复杂的效果图时，应尽量使用线框显示模式；只有当需要观看效果图最终效果时，才将光滑加高光模式打开。

在任意一个视口左上角的视图名称上单击鼠标左键，都会弹出如图 1-1-29 所示的快捷菜单，从菜单中可以选择相应的显示模式。

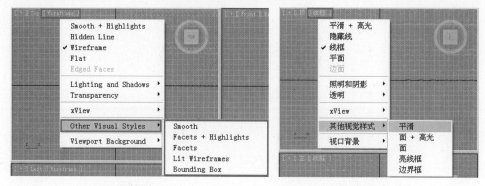

(a) 英文界面　　　　　　　　　　　　(b) 中文界面

图 1-1-29　视图显示模式的转换

1.2　文件的管理

在使用某些软件时，经常需要对文件进行操作，如打开、保存等。这些常用的文件管理命令在各种软件中几乎都有，应用方式也大致相同。

1.2.1　打开文件

单击快速存取工具栏上的 按钮，将弹出【打开文件】对话框，如图 1-2-1 所示，利用该对话框即可打开相应的文件。也可以用快捷键【Ctrl+O】打开文件，文件类型为"*.max"格式。

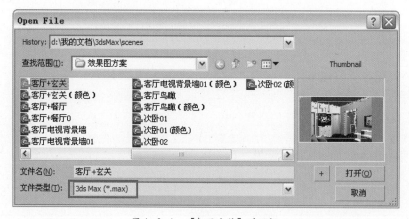

图 1-2-1　【打开文件】对话框

1.2.2　保存文件

单击快速存取工具栏上的 按钮，将弹出【存储文件】对话框，如图 1-2-2 所示。输入自定义的文件名，然后单击【保存（S）】按钮，即可保存该文件。文件类型为"*.max"格式。也可以用快捷键【Ctrl+S】保存文件。

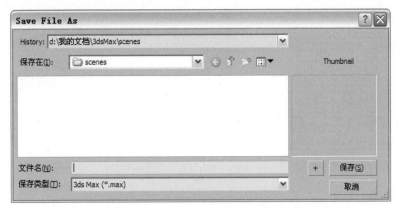

图 1-2-2 【存储文件】对话框

1.2.3 导入、导出文件

3ds Max 2012 支持导入或导出不属于自身标准格式的场景文件。通过文件类型的选择，可以直接导入 3DS、AI、DDF、DEM、DWG、DXF、HTR、IAM、IGES、IPT、LP、LS、MTL、OBJ、PRJ、SHP、STL、TRC、VW、WRL、WRZ 等格式的文件。此外，也可以将 3ds Max 2012 文件与 AutoCAD 等软件所生成的文件进行相互转换。

1. 导入文件

（1）单击屏幕左上角的 按钮，在弹出的下拉菜单中选择【Import】（导入）命令，如图 1-2-3 所示。

(a) 英文界面

(b) 中文界面

图 1-2-3 【Import】（导入）命令

（2）此时弹出【Select File To Import】（选择要导入的文件）对话框，如图 1-2-4 所示。先从文件类型列表中选择需要导入的文件类型，比如 "AutoCAD Drawing（*.DWG，*.DXF）"，再选择要导入的文件，然后单击【打开】按钮，即可将 DWG 类型的文件导入到 3ds Max 2012 的场景中。

图 1-2-4 导入文件对话框

2. 导出（输出）文件

（1）单击屏幕左上角的 ⑤ 按钮，在弹出的下拉菜单中选择【Export】（导出）命令，如图 1-2-5 所示。

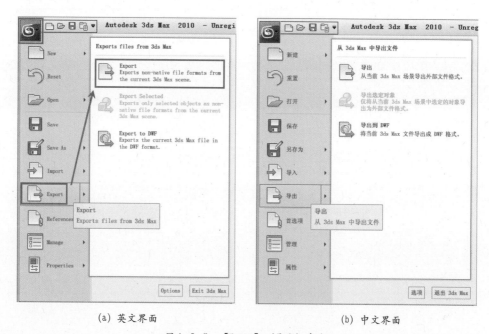

(a) 英文界面 (b) 中文界面

图 1-2-5 【Export】（导出）命令

（2）此时弹出【Select File To Export】（选择要导出的文件）对话框，如图 1-2-6 所示。先从文件类型列表中选择需要导出的文件类型，比如 "3D Studio（*.3DS）"，再选择要导出的文件，然后单击【保存（S）】按钮，即可将 ".max" 文件转换为其他格式。

图 1-2-6　导出文件对话框

1.2.4　重新设置文件

（1）单击屏幕左上角的⊙按钮，在弹出的下拉菜单中选择【Reset】（重设）命令。如果事先在场景中创建了对象或者进行过其他修改，那么将显示如图 1-2-7 所示的对话框，否则直接显示如图 1-2-8 所示的确认对话框。

(a) 英文界面

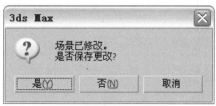

(b) 中文界面

图 1-2-7　【Reset】重新设置对话框

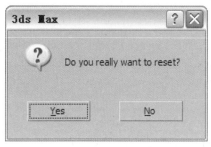

(a) 英文界面

(b) 中文界面

图 1-2-8　确认对话框

（2）在图 1-2-7 所示的对话框中单击【否（N）】按钮，将显示如图 1-2-8 所示的确认对话框。

（3）在确认对话框中单击【Yes】按钮，屏幕将返回到刚刚进入 3ds Max 2012 时的初始界面。

1.3　选择物体对象

在对一个物体对象进行任何操作之前，都必须先选中该物体对象。掌握了快速、准确的选择方式，在制作效果图时会收到事半功倍的效果。在 3ds Max 2012 中选择物体对象的方式有很多，下面逐一进行讲解。

1.3.1　点选方式

在主要工具栏中，单击【Select】（选择）按钮，然后将鼠标移至视图中的物体的边线上，会发现鼠标箭头变成了"╋"形状，这意味着鼠标位于一个可以选取的物体对象上。此时用鼠标左键单击该物体对象，使之变成白色，便选中了该对象。这是选取对象的最简单的方式。此按钮除了可以直接点选对象外，还可以拖动出一个虚线框进行框选，这样便可以一次选择多个对象。

技巧　在【Top】（顶视图）、【Front】（前视图）和【Left】（左视图）中，默认显示物体的模式为线框显示。因此，应用点选方式选择物体对象时，需点取物体的边线才能将该物体选取。在【Perspective】（透视图）中点选物体时，点选物体任何位置均可选取，因为透视图默认显示物体的模式为光滑高亮显示。

如果想应用点选的方式选择多个物体对象，则可在选取了一个对象之后，按下【Ctrl】键再点选另一个对象，此时两个对象被同时选取。通过这种方法可以选取任意多个对象。按下【Alt】键再点选已选取的对象时，可以将已选择的对象从已创建的选择集中删除，恢复其未被选取的状态。如果要将所有已被选取的对象取消选择，只需在任意一个视图的空白处单击鼠标左键即可。

技巧　如果在某一个视图中已选取了对象，想要切换到另一个视图中进行其他编辑操作，只需在另一个视图中单击鼠标右键即可切换，并且已选取的对象还保持原选取状态（建议采用此方法进行视图的切换）。如果单击鼠标左键进行视图切换，已选取的对象都将变成未选取的状态。

1.3.2　区域选择方式

在制作效果图的过程中，经常会用鼠标拖动一个矩形区域来选择对象。主要工具栏中有一个按钮，它可以决定矩形区域如何影响所选择的对象。这个按钮包含两个选项，即【Crossing/ Window Selection】（交叉 / 窗口选择）。这是一个模式切换开关，控制两种不同的选择方式。

（1）【Window Selection】（窗口选择）：当选择该选项时，只有被完全包含在虚线框内的对象才会被选择；如果对象只有部分在虚线框内，则该对象将不会被选择，如图 1-3-1 所示。

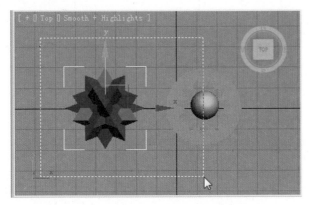

图 1-3-1 【Window Selection】（窗口选择）方式

（2）🔲【Crossing Selection】（交叉选择）：当选择该选项时，虚线框所涉及的所有对象都会被选择，即使对象只有一部分在框选范围内。交叉的含义就是虚线框所触及的对象（包括已包含在内的）都会被选择，如图 1-3-2 所示。

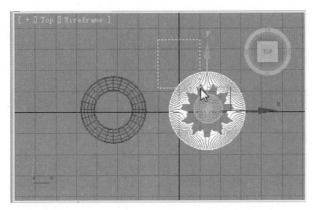

图 1-3-2 【Crossing Selection】（交叉选择）方式

1.3.3 范围选择方式

（1）🔲【Rectangle】（矩形选择区域）：以矩形区域拉出选择框。该方式是默认的框选选项。用鼠标左键按住该按钮不放，将弹出🔲🔘🔳🔲🔲，提供框选对象的其他选择方式，包括矩形选择区域、圆形选择区域、围栏选择区域、套索选择区域以及绘制选择区域五种选择方式。

（2）🔘【Circle】（圆形选择区域）：从圆形区域拉出选择框，如图 1-3-3 所示。

（3）🔳【Fence】（围栏选择区域）：以手绘多边形框围出选择区域，如图 1-3-4 所示。

围栏选择方式的应用：在视图中将鼠标移至空白区域，当鼠标显示为一个箭头时，在要选择的对象周围单击并拖动鼠标左键生成一个多边形框，终点与起始点重合时单击鼠标左键，此时多边形框内的所有对象都被选取了。

（4）【Lasso】（套索选择区域）：以鼠标左键拖动一个封闭的多边形框圈住要选择的物体，形成一个选择区域，如图1-3-5所示。

（5）【Paint Selection Region】（绘制选择区域）：启用该选择按钮时，鼠标箭头会跟随一个笔刷（圆圈）。如果此时的选择方式是，则只需拖拽鼠标并触及到要选择的物体对象，该物体对象就会被选择，如图1-3-6所示。

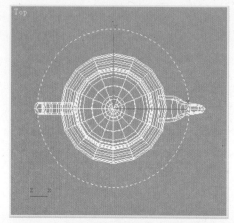

图1-3-3【Circle】（圆形选择区域）方式

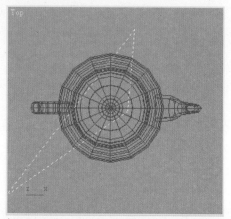

图1-3-4　【Fence】（围栏选择区域）方式

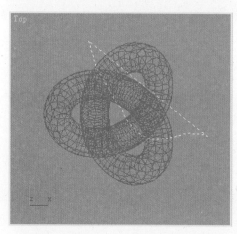

图1-3-5　【Lasso】（套索选择区域）方式

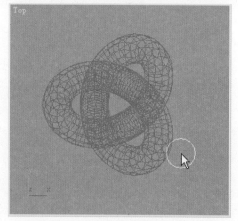

图1-3-6　【Paint Selection Region】（绘制选择区域）方式

技巧：在应用、、、以及各个选择方式选择物体对象时，都要考虑当前的选择方式是还是，从而决定各个选择方式的边界框是框住要选择的物体对象还是只是与物体对象交叉。

绘制选择区域方式的笔刷（圆圈）大小是可以调节的。在上单击鼠标右键，此时会弹出【Preference settings】（首选项设置）对话框，如图1-3-7所示的参数就是调节绘图笔刷大小的。

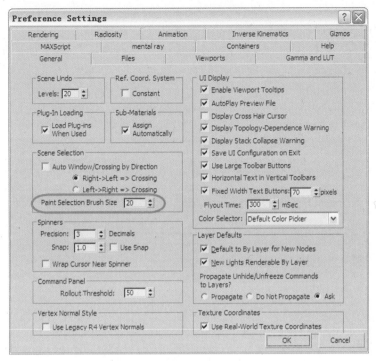

(a) 英文界面

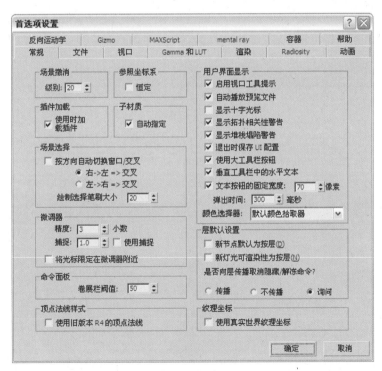

(b) 中文界面

图 1—3—7 【Preference settings】（首选项设置）对话框

1.3.4 按名称选择方式

3ds Max 2012 支持通过对象名称来进行选择,这种方式快捷、准确,在制作复杂的效果图场景时尤为重要。

单击主要工具栏中的【Select By Name】(按名称选择)按钮（也可以按快捷键【H】),打开【Select From Scene】(从场景选择)对话框,然后在左侧列表中单击要选择的物体名称(如果要选择不连续的多个物体,可按住【Ctrl】键进行加选),最后单击【OK】按钮即可完成选择,如图 1-3-8 所示。

(a) 英文界面

(b) 中文界面

图 1-3-8 【Select From Scene】(从场景选择)对话框

1.3.5 按颜色选择方式

在制作效果图的过程中，也可以将相同类型的物体改变为相同的颜色。当要同时选择这些物体时，应用按颜色选择方式进行选择就比较快捷。

单击菜单栏中的【Edit】（编辑）菜单，从下拉菜单中选择【Select By】（按……选择）命令，并在它后面的子菜单中选择【Color】（颜色）选项。此时将鼠标移至视图区域，鼠标将变成 形状。点选要选择的物体，视图中所有与点选物体相同颜色的其他物体将被同时选中。

1.3.6 选择过滤器

在屏幕上方的主要工具栏中，All 区域就是【Selection Filter】（选择过滤器）。该选择过滤器对所有选择功能都有效，包括框选方式、组合选择方式（如选择并移动等方式）等。

选择过滤器的作用是按不同类型的对象进行过滤选择。比如，场景中有几何体、二维图形、灯光、相机等不同类型的对象，如果此时只想选择场景中的灯光，又担心误选其他对象，就可以应用过滤器。即选择过滤器下拉菜单中的【Lights】（灯光）选项，如图 1-3-9 所示，此时在视图中即使框选了整个场景中的物体对象，也只能选择属于灯光类型的对象，而其他类型的对象是不会被选择上的。系统默认情况下，不产生过滤作用，即为【All】（全部）模式，在该模式下可以选择任意类型的对象。

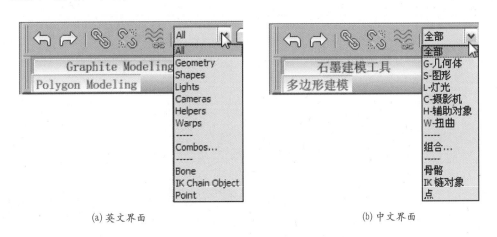

(a) 英文界面　　　　　　　　　　(b) 中文界面

图 1-3-9　【Selection Filter】（选择过滤器）

1.3.7 双功能选择工具

（1）【Select and Move】（选择并移动）：选择对象并进行移动操作。移动物体时可根据 X、Y、Z、XY 的坐标轴向进行移动操作。

技巧：在进行移动操作时，可以通过鼠标直接控制坐标轴向。选择了要移动的对象之后，单击✥按钮，此时对象上代表 X 方向的坐标轴显示为红色箭头，代表 Y 方向的坐标轴显示为绿色箭头。将鼠标移至红色箭头位置，光标变成✥光标，按住鼠标进行移动操作，此时该对象只能沿着 X 轴移动；同样，将鼠标移至绿色箭头位置，光标变成✥光标，按住鼠标进行移动操作，此时该对象只能沿着 Y 轴（垂直方向）移动；要想沿着 XY 轴方向移动，应将鼠标移至轴心点的位置再移动。按键盘上的快捷键【X】可以对坐标轴的开与关进行切换。当坐标轴处于打开并启用状态时，可以通过键盘上的【+】、【-】来控制坐标轴的显示大小。

（2）↻【Select and Rotate】（选择并旋转）：选择对象并进行旋转操作。旋转物体时也可根据 X、Y、Z、XY 的坐标轴向进行旋转操作。

（3）⊡⊞⊟【Select and Scale】（选择并缩放）：选择对象并进行缩放操作，其中包含三个缩放工具。

（4）⊡【Select and Uniform Scale】（等比缩放）：在三个坐标轴向上做等比例缩放，即只改变对象体积，不改变对象形状。

（5）⊞【Select and Non-uniform Scale】（非等比缩放）：根据指定的坐标轴向，执行不等比例的缩放，即物体的体积和形状都发生改变。

（6）⊟【Select and Squash】（选择并挤压）：在指定的坐标轴向上做挤压变形，即物体的体积保持不变，但形状发生改变。

上述几种双功能选择工具是制作效果图时应用最频繁的工具。

1.4 精确地移动、旋转、缩放对象

在 3ds Max 2012 中，要精确地移动、旋转、缩放对象，可以在选择对象之后，在移动、旋转、缩放变换输入对话框中输入恰当的数值。变换输入对话框的调用方法如下：

第一种方法：直接在✥、↻ 或 ⊡ 按钮上单击鼠标右键，即可弹出【Move Transform Type-In】（移动变换输入）对话框、【Rotate Transform Type-In】（旋转变换输入）对话框、【Scale Transform Type-In】（缩放变换输入）对话框，在其中输入一定的数值，即可精确地对物体对象进行移动、旋转以及缩放等操作。

第二种方法：在激活✥、↻ 或 ⊡ 按钮时，按键盘上的【F12】快捷键，也可以弹出相对应的对话框。

1.4.1 精确地移动对象

选择某一个对象之后，单击✥按钮，使其呈凹陷状态，并在该按钮上单击右

键，弹出【Move Transform Type-In】（移动变换输入）对话框，如图 1-4-1 所示。

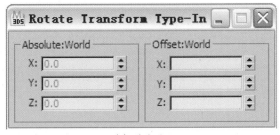

(a) 英文界面　　　　　　　　　　(b) 中文界面

图 1-4-1　【移动变换输入】对话框

　　如果想让被选择的物体对象在当前激活的视图中进行精确地移动，则应改变对话框右侧的 X、Y、Z 轴向的数值。输入的数值为正数时，被选择的对象沿着坐标轴的方向移动；输入的数值为负数时，被选择的对象沿着与坐标轴相反的方向移动。

1.4.2　精确地旋转对象

　　选择某一个对象之后，单击 ↻ 按钮，使其呈凹陷状态，并在该按钮上单击右键，弹出【Rotate Transform Type-In】（旋转变换输入）对话框，如图 1-4-2 所示。

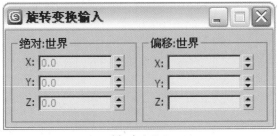

(a) 英文界面

(b) 中文界面

图 1-4-2　【旋转变换输入】对话框

　　如果想让被选择的物体对象在当前激活的视图中进行精确地旋转，则应改变对话框右侧的 X、Y、Z 轴向的数值。输入的数值为正数时，被选择的对象沿着逆时针方向旋转；输入的数值为负数时，被选择的对象沿着顺时针方向旋转。

1.4.3 精确地缩放对象

精确地缩放对象时，若选择不同的缩放方式，弹出的对话框也不同。

当选择等比缩放时，首先选择要编辑的对象，然后单击█按钮，使其呈凹陷状态，接着在该按钮上单击右键，弹出【Scale Transform Type-In】（缩放变换输入）对话框，如图 1-4-3 所示。

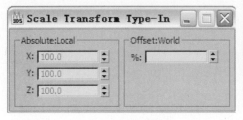 

(a) 英文界面 　　　　　　　　　　　　(b) 中文界面

图 1-4-3 　【缩放变换输入】对话框

如果想让被选择的物体对象在当前激活的视图中进行精确地缩放，则应改变对话框右侧的数值。输入的数值大于 100 时，被选择的对象被等比例放大；输入的数值小于 100 时，被选择的对象被等比例缩小。

当选择非等比缩放时，首先选择要编辑的对象，然后单击█按钮，使其呈凹陷状态，接着在该按钮上单击右键，弹出【Scale Transform Type-In】（缩放变换输入）对话框，如图 1-4-4 所示。

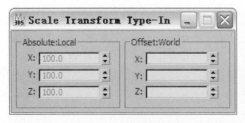 

(a) 英文界面 　　　　　　　　　　　　(b) 中文界面

图 1-4-4 　【缩放变换输入】对话框

技巧：在激活◈、⟳或█按钮时，若要精确地移动、旋转、缩放对象，也可以在选择对象之后，单击视图下方状态栏上的▣按钮，使其呈凹陷状态▣，然后在 X、Y、Z 区域中输入变换数值。在图 1-4-5 的 X、Y、Z 显示区域中，显示的是已选择对象的当前坐标位置；而在图 1-4-6 的 X、Y、Z 显示区域中，显示的是可变换键入区。

图 1-4-5 　已选择对象的当前坐标位

图 1-4-6 绝对／偏移模式变换的键盘输入

1.5 组的应用及操作

在制作效果图的过程中，经常需要自己创建一些家具模型或者使用其他程序中已创建完成的模型，比如使用 3ds Max 制作的椅子，它是由各种类型的对象组合而成的。对于初学者来说，最好将已制作的模型的各个组成部分合为一个整体，这样可以避免在移动、旋转或进行其他编辑操作时，将模型中各个部分的位置打乱。

1.5.1 建立组

（1）单击快速存取工具栏上的 ☞ 按钮或使用快捷键【Ctrl+O】，打开本书附带光盘中"练习文件"文件夹中第 1 章的"花瓣休闲椅 .max"场景文件。

（2）此时，休闲椅的各个部件都是独立的。将整个休闲椅全部选中。

（3）单击菜单栏中的【Group】（组）菜单，从下拉菜单中选择【Group】（组）命令，在弹出的【组】对话框中输入组的名称"花瓣休闲椅"，如图 1-5-1 所示。

图 1-5-1 【组】对话框

为组命名之后，单击【OK】按钮，完成组的创建。

1.5.2 编辑组对象

如果想对已创建为组的某个对象单独进行编辑，必须先将组打开，否则在编辑时是将组当成一个整体进行编辑操作的，这时所做的编辑操作对组中的所有对象都起作用。

另一种方法是先将组打散，然后对组中的各个成员单独进行编辑，而不会影响其他组成员。

下面以"花瓣休闲椅"的组为例，将组打开，进行编辑操作。

（1）选择已成组的"花瓣休闲椅"模型。

（2）单击菜单栏中的【Group】（组）菜单，从下拉菜单中选择【Open】（打开）命令。此时，花瓣休闲椅周围出现粉红色的线框，这就是组已被打开的标记，如图 1-5-2 所示。

图 1-5-2　沙发组已被打开的标记

（3）选择花瓣休闲椅中的一个花瓣，单击右侧命令面板的修改器堆栈栏中的【FFD 4×4×4】（自由变形）命令，将前面的 ⊞ 变成 ⊟，展开其包含的子项。单击【Control Points】（控制点）使其呈黄色，在右下角的【Perspective】（透视图）中，框选花瓣上的几个控制点，此时橘黄色的控制点呈现淡黄色，如图 1-5-3 所示。

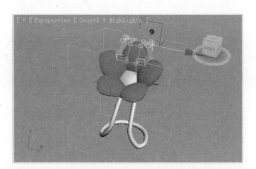

图 1-5-3　所选控制点呈淡黄色

（4）单击主要工具栏上的 ✥ 按钮，将鼠标光标移至 Z 轴光标上，并拖拽鼠标垂直向上移动，如图 1-5-4 所示。

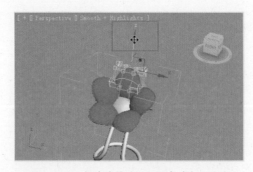

图 1-5-4　框选花瓣的一组顶点并向上移动

（5）此时花瓣中间被拉得凸起了，而其他部分并没有改变，如图 1-5-5 所示。

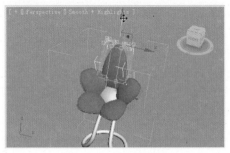

图 1-5-5 花瓣被修改

（6）完成编辑操作之后，再单击菜单栏中的【Group】（组）菜单，从下拉菜单中选择【Close】（关闭）命令，即可将该休闲椅以原来的组名称重新组成组，不会再弹出对话框。

1.5.3 取消组

单击菜单栏中的【Group】（组）菜单，从下拉菜单中选择【UnGroup】（取消组）命令，此时沙发四周并不会出现粉红色的线框，且"花瓣休闲椅"组的名称也会一同消失，这就是取消组与打开组的区别。要想再将该休闲椅组成组，必须重新应用【Group】（组）命令并重新命名。

1.6　复制物体

复制物体是在制作效果图的过程中最频繁的操作步骤之一。几乎制作每一幅效果图都需要复制某些物体。

1.6.1　应用【Clone】（克隆）命令复制物体

（1）选择要复制的物体。

（2）单击菜单栏中的【Edit】（编辑）菜单，从下拉菜单中选择【Clone】（克隆）命令，或使用快捷键【Ctrl+V】，此时会弹出如图 1-6-1 所示的【克隆选项】对话框。

（3）在【Object】（物体）选项栏中选择一种复制物体的方式：

◎【Copy】（复制）：应用此方式复制的物体与源物体之间不存在任何关系。

◎【Instance】（关联复制）：应用此方式复制的物体与源物体之间相互关联，当其中一个物体发生改变时，其他物体也发生相同的改变。

◎【Reference】（参考复制）：参考复制与关联复制不同的是，改变源物体时，此时复制的物体也随之改变；而改变复制物体时，源物体并不发生改变。

（4）单击【OK】按钮，结束复制。

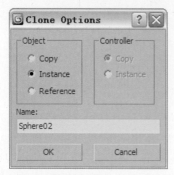 

(a) 英文界面　　　　　　　　　　　(b) 中文界面

图 1-6-1　【克隆】对话框

技巧　当使用【Clone】（克隆）命令复制物体时，源物体与复制的物体完全重合在一起，从外观上看不出任何变化，此时可以使用移动工具 ✛ 按钮将复制的物体移动位置。

1.6.2　移动复制

在实际制作效果图的过程中，通常都是按住键盘上的【Shift】键，在视图中选择要复制的物体并沿着某一个轴向拖动鼠标，释放鼠标时会弹出一个与【克隆选项】窗口类似的对话框。

下面以复制台阶创建简单的楼梯为例，讲解移动复制的应用。

（1）单击屏幕左上角的 ⊚ 按钮，从下拉菜单中选择【Reset】（重设）命令，重新设定系统，相当于创建一个新文件。

（2）单击命令面板上的 ⬚ 【Shapes】（图形）按钮，再单击 Rectangle （矩形）按钮，如图 1-6-2 所示。

(a) 英文界面　　　　　　　　　　　(b) 中文界面

图 1-6-2　单击矩形按钮

（3）在左下角的【Left】（左视图）中用鼠标左键拖动一个矩形框，此时就创建了一个矩形。单击命令面板上的 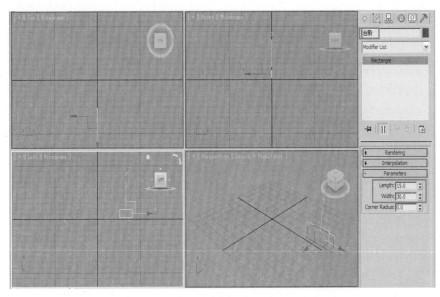【Modify】（修改）按钮，修改矩形的参数，如图 1-6-3 所示，并将其命名为"台阶"。

(a) 英文界面

(b) 中文界面

图 1-6-3　创建一个矩形

技巧　如果是使用带有滚轮的鼠标，滑动滚轮时，会缩小或放大视图的显示，与单击视图控制区域上的 按钮功能一样；按住滚轮不放并拖动鼠标时，会平移视图显示的位置，与视图控制区域上的 按钮功能一样。

（4）单击主要工具栏上的捕捉开关按钮 或者按快捷键【S】，并在该按钮上单击鼠标右键，此时会弹出【Grid and Snap Settings】（网格及捕获设置）对话框。在对话框中只勾选【Vertex】（顶点）选项，如图1-6-4所示。

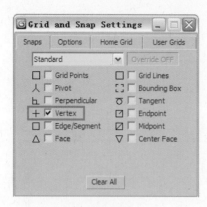 

(a) 英文界面　　　　　　　　　　　　　　(b) 中文界面

图1-6-4　勾选【Vertex】（顶点）选项

（5）继续在【Left】（左视图）中操作，单击✛按钮，使其呈凹陷状态。将鼠标移至矩形的右下角位置，此时会出现顶点的捕捉标记，如图1-6-5所示。按住【Shift】键不放的同时按住鼠标左键并移动矩形，移至原矩形的左上角顶点位置，如图1-6-6所示。

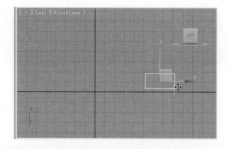 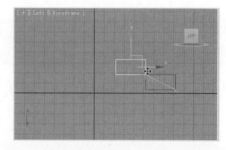

图1-6-5　将鼠标移至矩形的右下角位置　　　图1-6-6　按住【Shift】键不放向左上角移动台阶

（6）此时，释放鼠标会弹出【克隆选项】对话框，如图1-6-7所示。按此图设置对话框中的参数。

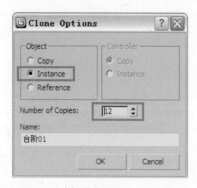 

(a) 英文界面　　　　　　　　　　　　　　(b) 中文界面

图1-6-7　【克隆选项】对话框

（7）单击【OK】按钮完成复制操作。

（8）此时，视图不能显示创建的全部对象，按键盘上的【Z】键即可全部显示。复制矩形而生成的楼梯台阶截面造型如图 1-6-8 所示。此时该楼梯台阶还不是三维的。

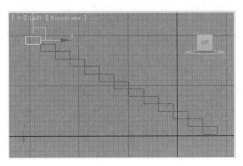

图 1-6-8　复制台阶生成的矩形

（9）确认已选择一个矩形，单击命令面板上的 ▨【Modify】（修改）按钮，再单击 Modifier List ，从弹出的修改器列表中选择【Extrude】（挤出）命令；在弹出的参数面板中，将【Amount】（总量）设置为"120"，如图 1-6-9 所示。

(a) 英文界面

(b) 中文界面

图 1-6-9　（挤出）命令

（10）激活右下角的透视图，在主要工具条按钮的任意空白区域，当鼠标变成<img_1 inline>时向左侧拖拽；单击主要工具栏最右侧的 <img_1 inline>（渲染）按钮或使用快捷键【Shift+Q】，渲染透视图，此时的楼梯造型如图 1-6-10 所示。

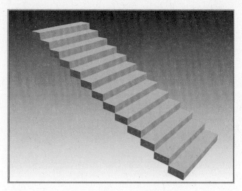

图 1-6-10　楼梯造型

技 巧：在键盘上输入命令的快捷键时，必须在【英文】输入法状态下。

1.6.3　应用【Array】（阵列）命令复制物体

在制作效果图过程中，经常需要复制大量有规律的物体，而此时应用【Array】（阵列）命令就可以很出色地完成此项任务。

在主要工具条的任意空白区域，当鼠标变成<img_1 inline>时，单击鼠标右键，然后在弹出的下拉列表中点选如图 1-6-11 所示的【Extras】（附加）选项，就可以显示出【Extras】（附加）工具栏，如图 1-6-12 所示。

(a) 英文界面

(b) 中文界面

图 1-6-11　【Extras】（附加）工具栏

图 1-6-12 【Extras】（附加）工具栏

技巧 也可以单击菜单栏【Tools】(工具)菜单,从下拉菜单中选择【Array】(阵列)命令。

按住 ▦ 按钮不放,会弹出四个工具按钮,分别是 ▦【Array】(阵列)、▧【Snapshot】(快照)、▦【Spacing Tool】(间隔复制)、▦【Clone and Align】(克隆并对齐)。

▦【Array】(阵列)命令是以移动、旋转、缩放三种方式进行排列。其中移动阵列相当于矩形阵列,旋转阵列相当于环行阵列,而缩放阵列的结果是一个物体比一个物体小或者一个物体比一个物体大。

下面以制作一个简单框架形式的隔断为例,讲解移动阵列在制作效果图中的实际应用。

(1)单击菜单栏上的【Customize】(自定义)菜单,从下拉菜单中选择【Units Setup】(单位设置)选项,弹出【Units Setup】对话框,如图1-6-13所示。

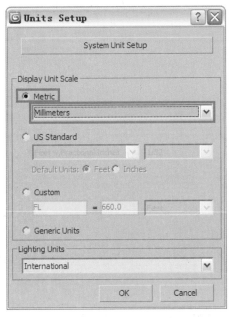

(a) 英文界面

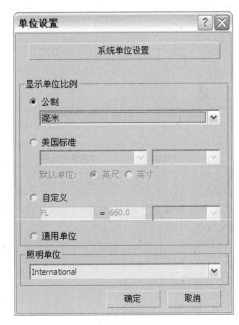

(b) 中文界面

图 1-6-13 【Units Setup】对话框

（2）单击【Units Setup】（单位设置）对话框中最上边的 System Unit Setup 按钮，弹出如图 1-6-14 所示对话框，将单位设置为"毫米"。

(a) 英文界面

(b) 中文界面

图 1-6-14 【System Units Setup】对话框

（3）单击命令面板上的 【Shapes】（图形）按钮，使其呈凹陷状态。单击 Rectangle （矩形）按钮，在【Front】（前视图）中拖动鼠标绘制一个矩形框，并单击命令面板上的【Modify】（修改） 按钮，修改矩形的参数，如图 1-6-15 所示。按键盘上的【Z】，在视图中将矩形全部显示出来。

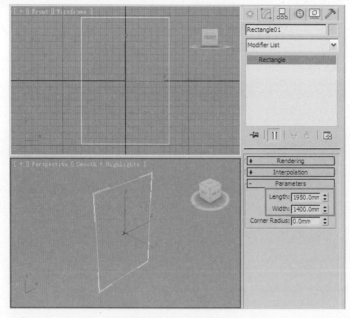

图 1-6-15 绘制矩形

（4）重复步骤（3），在大矩形内再绘制一个小矩形，并修改该矩形的参数，【Length】（长度）改为 250，【Width】（宽度）改为 200。结果如图 1-6-16 所示。

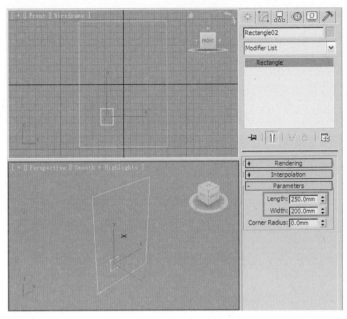

图 1-6-16　绘制一个小矩形

（5）应用捕捉工具将小矩形的左下角与大矩形的左下角对齐。单击主要工具栏上的³ₘ按钮，使其呈凹陷状态，并在该按钮上单击鼠标右键，此时弹出【Grid and Snap Settings】（网格及捕获设置）对话框，在对话框中只勾选【Vertex】（顶点）选项。

（6）单击✛按钮，将鼠标移至小矩形的左下角，此时会出现顶点捕捉标记。在小矩形的左下角按住鼠标左键拖动鼠标，将小矩形拖动到大矩形的左下角，这样两个矩形的左下角就对齐了，如图 1-6-17 所示。

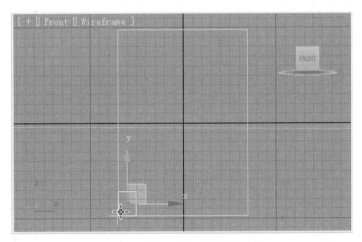

图 1-6-17　将两个矩形的左下角对齐

技巧　在制作效果图的过程中，经常需要将两个对象进行对齐操作。以笔者的经验，如果是将两个对象的角点与角点对齐，则应用捕捉工具进行对齐的方法比较快捷。

（7）按键盘上的【S】快捷键，将 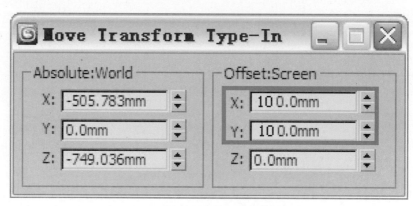 按钮关闭，使其呈弹起状态。

（8）现在需要将小矩形分别向右、向上移动 100 个单位。选中小矩形，在 ⊕ 按钮上单击右键，弹出【Move Transform Type-In】（移动变换输入）对话框，将对话框中右侧的【X】轴向的参数改为 100，将【Y】轴向的参数改为 100，如图 1-6-18 所示。

图 1-6-18 移动小矩形的参数

按键盘上【Enter】（回车）键，结果如图 1-6-19 所示。

提示 在【Move Transform Type-In】对话框右侧输入的数值在按回车键时都会归零。

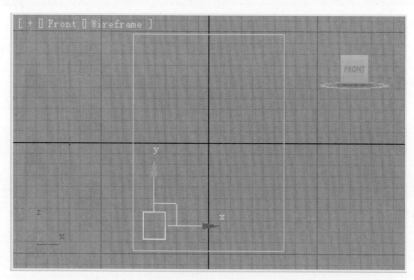

图 1-6-19 将小矩形分别向右、向上移动 100 个单位

（9）下面应用【Array】（阵列）命令对小矩形进行复制。确认小矩形已被选中，单击 ✿ 按钮，弹出【Array】（阵列）对话框，设置参数如图 1-6-20 所示。

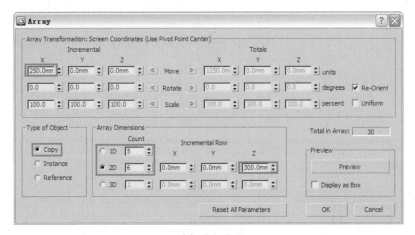

(a) 英文界面

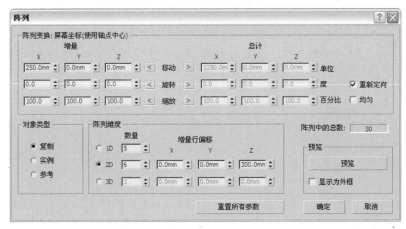

(b) 中文界面

图 1-6-20　设置【阵列】对话框中的参数

（10）设置好参数之后，单击【OK】按钮。此时，小矩形被复制的结果如图 1-6-21 所示。

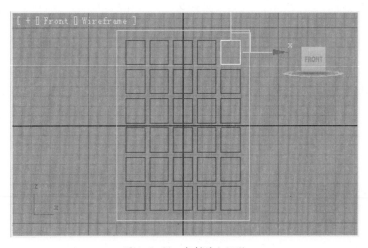

图 1-6-21　复制的小矩形

（11）确认已选择了一个矩形，单击命令面板上的 【Modify】（修改）按钮，再单击【Modifier List】（修改器列表）或者单击其后面的 ▾ 按钮，此时会弹出 3ds Max 2012 所有修改器的列表，从列表中选择【Edit Spline】（编辑样条曲线）修改器，如图 1-6-22 所示。

(a) 英文界面

(b) 中文界面

图 1-6-22 修改器的列表

提示 如果显示器的分辨率是"1024×768"，就会弹出如图 1-6-1 所示的列表样式；如果显示器的分辨率是"800×600"，修改器列表就会向上弹出。

（12）此时命令面板右侧会弹出【Edit Spline】（编辑样条曲线）修改器的参数。此修改器中的参数很多，将鼠标移至空白处会变成 ♙ 形状，可以按住鼠标上下拖动来查看其他参数。单击参数面板中的【Attach Mult.】（附加多个）按钮，如图 1-6-23 所示。

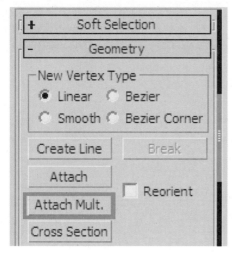
(a) 英文界面

(a) 中文界面

图 1-6-23 【Edit Spline】修改器的面板

（13）此时会弹出【Attach Multiple】对话框，单击对话框右上角的 🗐（全部选择）按钮，就可以快速地将其余的小矩形全部选中。再单击【Attach】按钮，如图 1-6-24 所示，此时视图中的所有矩形连接成了一个整体。

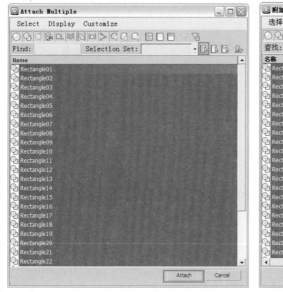
(a) 英文界面

(b) 中文界面

图 1-6-24 【Attach Multiple】（附加多个）对话框

（14）单击命令面板上的 ☑【Modify】（修改）按钮，再单击【Modifier List】（修改器列表）或者单击其后面的 ▾ 按钮，从列表中选择【Extrude】（挤出）修改器，此时右侧会弹出【Extrude】修改器的参数面板。在弹出的参数面板中，将【Amount】（总量）设置为"100"。

（15）此时，矩形变成了一个实体模型。最后生成框架隔断，如图1-6-25所示。

图1-6-25　隔断最终效果

技巧：在应用【矩形】或其他二维图形生成图1-6-25所示的实体模型时，首先必须应用【Attach】或【Attach Multiple】命令将各个独立的二维图形进行连接（附加），形成一个整体图形，然后再应用【Extrude】修改器拉伸厚度，生成镂空的实体，否则不会出现镂空的效果。

下面以复制花瓣，并将花瓣沿着花托自动摆放一圈为例，来讲解旋转阵列在制作效果图中的实际应用。

（1）单击菜单栏中的【File】（文件）菜单，从下拉菜单中选择【Open】（打开）命令，打开本书附带光盘中"练习文件"文件夹中第1章的"阵列花瓣.max"场景文件。

（2）在复制"花瓣"之前，首先要明确是以"花托"的中心点为轴心复制"花瓣"，但是系统默认情况下是以选择的物体对象为轴心的。也就是说，现在如果已选择了"花瓣"，那么轴心点在"花瓣"的中心点上，而不是"花托"的中心点。这时复制"花瓣"的结果将是"花瓣"原地复制一圈，而不是沿着"花托"进行复制。下面就来解决这一问题。

（3）激活顶视图，确认"花瓣01"已被选择，按住主要工具栏上的 (轴心点控制)按钮不放，会弹出三个控制按钮、、。单击最后一个按钮，并单击其前面列表里的 按钮，在弹出的下拉菜单中选择【Pick】（拾取）选项，如图1-6-26所示。

 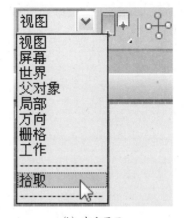

（a）英文界面 （b）中文界面

图 1-6-26 选择【Pick】（拾取）选项

（4）再单击【Top】（顶视图）中的"花托"，如图 1-6-27 所示。此时轴心点在"花托"的中心点上，而"花瓣 01"还是处于被选择状态未发生改变。

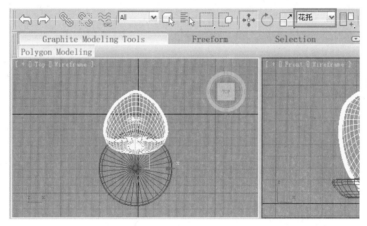

图 1-6-27 轴心位置移到了"花托"的中心点上

（5）单击 按钮，弹出【Array】（阵列）对话框，将对话框中的参数设置为如图 1-6-28 所示。

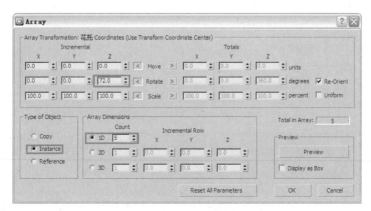

图 1-6-28 设置阵列参数

（6）设置好参数之后，单击【OK】按钮，此时五个花瓣已经排列好了，效果如图 1-6-29 所示。

（7）对此文件进行保存。

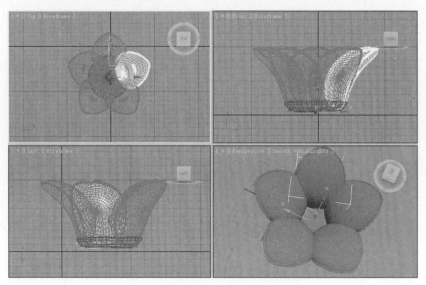

图 1-6-29　旋转阵列花瓣的最终效果

技巧　轴心点用来定义对象在旋转和缩放时的中心点。

【Use Pivot Point Center】：使用所选择对象自身的轴心点作为变动的中心点。如果同时选择了多个对象，则针对各自的轴心点进行变动操作。

【Use Selection Center】：使用所选择对象的公共轴心作为变动的中心点，这样可以保证选择集合之间不会发生相应的变化。

【Use Transform Coordinate Center】：使用当前坐标系统的轴心作为所选择对象的轴心。

1.6.4　【Spacing Tool】（间隔复制）

【间隔复制】是以预定的路径进行复制的操作。

下面以制作罗马柱体为例，讲解【间隔复制】命令在制作效果图中的实际应用。

（1）设置单位为"毫米"。单击命令面板上的 【Shapes】（图形）按钮，使其呈凹陷状态，再单击【Circle】（圆）按钮，在【Top】（顶视图）中拖动鼠标绘制一个大圆，并单击命令面板上的 【Modify】（修改）按钮，修改圆的半径为"400mm"，如图 1-6-30 所示。按键盘上的【Z】，在视图中将圆全部显示出来。

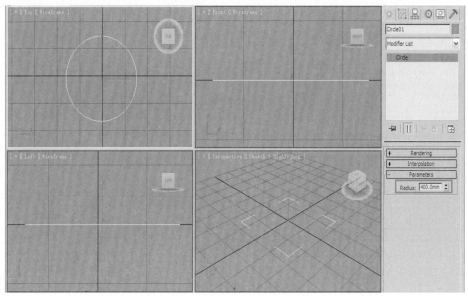

图 1-6-30　绘制一个大圆

（2）再单击【Circle】（圆）按钮，继续在【Top】（顶视图）中拖动鼠标绘制一个小圆，并单击命令面板上的 ⬚【Modify】（修改）按钮，修改圆的半径参数为"60mm"，位置与大小如图 1-6-31 所示。

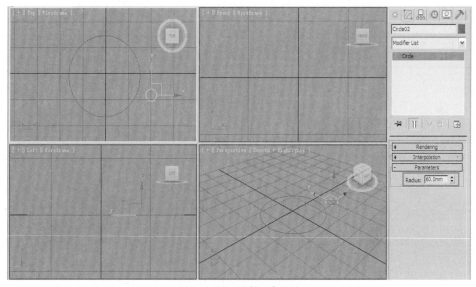

图 1-6-31　绘制一个小圆

（3）选择绘制的小圆，按住 ⬚ 按钮不放，在弹出的工具中单击 ⬚【Spacing Tool】（间隔复制）按钮，或单击菜单栏【Tools】（工具），从下拉菜单中选择【Align】（对齐）→【Spacing Tool】（间隔复制）命令。此时会弹出【Spacing Tool】（间隔复制）对话框，如图 1-6-32 所示。

(a) 英文界面   (b) 中文界面

图 1-6-32　【Spacing Tool】对话框

（4）单击对话框中的【Pick Path】（拾取路径）按钮，回到顶视图，用鼠标单击创建的大圆边线，此时会发现【Pick Path】按钮已显示为"Circle01"。将【Count】（数目）设置为"15"，其他参数采取默认值，然后单击【Apply】（应用）按钮，再单击【Close】（关闭）按钮，复制结果如图 1-6-33 所示。

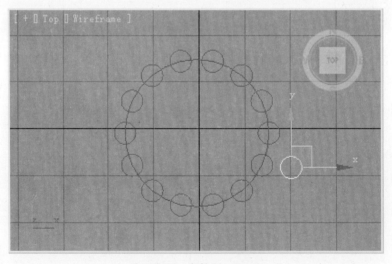

图 1-6-33　复制了一圈小圆

（5）选择原有的小圆，按键盘上的【Delete】（删除）键，将其删除。在圆的起始点位置有两个小圆重叠在一起了，需要删除一个。用鼠标单击最右侧中间的小圆，如图 1-6-34 所示，按键盘上的【Delete】（删除）键，将其删除，只保留大圆边线上的 14 个小圆。

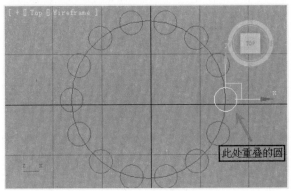

图 1-6-34　选择并重叠的圆

（6）确认已选择了一个圆，并单击命令面板上的 ☑【Modify】（修改）按钮，从【Modifier List】（修改器列表）中选择【Edit Spline】（编辑样条曲线）修改器，单击参数面板中的【Attach Mult.】（附加多个）按钮，此时会弹出【Attach Multiple】对话框。单击对话框右上角的 ☷（全部选择）按钮，这样可以快速地将其余的圆全部选中。再单击【Attach】按钮，此时视图中的所有圆连接成了一个整体。

（7）单击【Edit Spline】前面的 ⊞ 按钮使其变成 ⊟ 按钮，单击次对象【Spline】（样条线）按钮，或单击参数面板中的 ⋀ 按钮，选择大圆使其呈红色。将鼠标移至空白处会变成 形状，按住鼠标拖动，找到"布尔运算"区域并单击 ◈（差集）按钮，如图 1-6-35 所示。

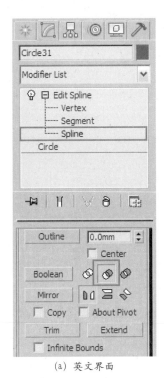

(a) 英文界面　　　　　　　(b) 中文界面

图 1-6-35　【Edit Spline】修改器

（8）单击【Boolean】按钮，将鼠标移至顶视图并依次单击每一个小圆的外侧边线，结果如图1-6-36所示。最后关闭 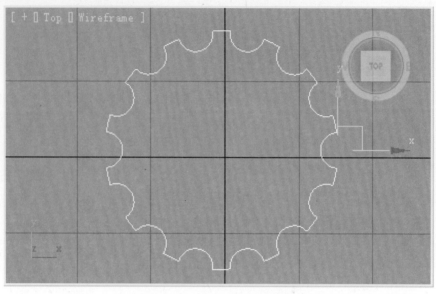 按钮。

图1-6-36 差集布尔运算的结果

（9）单击命令面板上的【Modify】（修改） 按钮，从修改器列表中选择【Extrude】（挤出）修改器，此时右侧会弹出【Extrude】修改器的参数面板。在弹出的参数面板中，将【Amount】（总量）设置为"2500mm"。 使用快捷键【Shift+Q】，渲染透视图，最终罗马柱体的效果如图1-6-37所示。

图1-6-37 最终罗马柱体的效果

1.7 状态栏

状态栏位于屏幕底部，主要用于控制状态提示、选择锁定的方式以及栅格的尺寸等。

🔒【Selection Lock Toggle】（锁定选择）：缺省状态下该按钮是关闭的。如果单击该按钮，使其呈凹陷状态，则会将当前选择的对象锁定，这样无论是切换视图还是进行移动、旋转、缩放等操作，都不会取消对当前对象的选择状态。在制作效果图的过程中，应随时应用该按钮（特别是对于初学者来说），以防止误操作。这是一个使用频率很高的按钮。

🔧 技巧 按键盘上的空格键等同于单击 🔒 按钮。

Grid（栅格尺寸）：显示当前视图中每一个栅格的尺寸。该尺寸会随着放大或缩小视图而改变。比如在放大视图时，栅格的尺寸就会缩小，因为总的栅格尺寸是不变的。

栅格的尺寸是可以设置的。在主要工具栏上的 ³ₘ（捕捉开关）按钮上单击鼠标右键，会弹出如图 1-7-1 所示【Grid and Snap Settings】（网格及捕捉设置）对话框。单击【Home Grid】（主网格）选项卡，即可设置网格的间距。

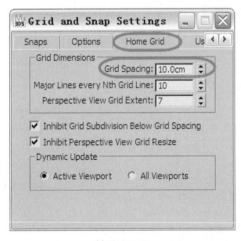

(a) 英文界面

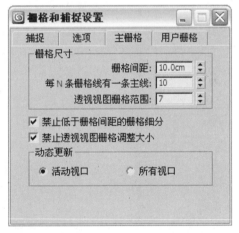

(b) 中文界面

图 1-7-1 【Grid and Snap Settings】对话框

第 2 章　3ds Max 2012 建模

艺术设计专业的学生经常把自己的方案设计做成模型，展示出各个部分的空间比例、尺寸等，从而更好地完成设计方案；在建筑方案的投标中，往往也需要将模型展示给甲方，以得到更直观的效果；工业产品造型设计的设计师也会将手绘的设计稿制成精美的三维工业产品模型效果图并展示给客户，以提升设计的品质。这种制作模型的过程正是利用 3ds Max 2012 制作效果图的过程。如果要制作出一流的效果图，就必须有扎实的基本功。

2.1　制作休闲椅

休闲椅的模型如图 2-1-1 所示。

图 2-1-1　休闲椅效果图

下面详细讲解该休闲椅模型的制作步骤：

（1）单击菜单栏上的【Customize】（自定义）菜单，从下拉菜单中选择【Units Setup】（单位设置）选项，弹出【Units Setup】对话框，如图 2-1-2 所示。

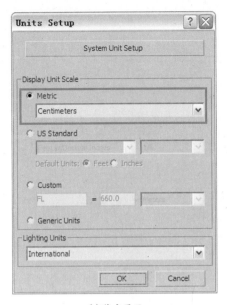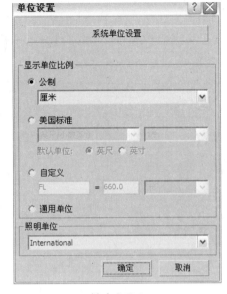

(a) 英文界面   (b) 中文界面

图 2-1-2 【Units Setup】对话框

（2）单击【Units Setup】（单位设置）对话框中最上边的 System Unit Setup 按钮，弹出如图 2-1-3 所示对话框，将单位设置为"厘米"。

(a) 英文界面   (b) 中文界面

图 2-1-3 【系统单位设置】对话框

（3）单击视图右侧命令面板上的【Geometry】（几何体）按钮 ○。

（4）单击【Standard Primitives】列表，选择【Extended Primitives】（扩展几何体）。

（5）单击【ChamferBox】（倒角立方体）按钮，在【Front】（顶视图）中单击鼠标左键并拖出一个方形，然后松开鼠标并将其向上移动，移动至一定高度时单击左键以确定高度；再继续向上移动鼠标以确定立方体的倒角大小，然后在合适的位置单击左键，结束倒角立方体的创建。

（6）单击视图右侧命令面板上的 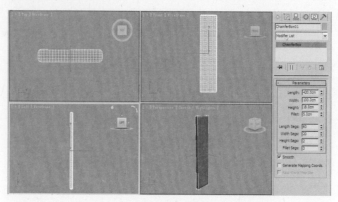【Modify】（修改）按钮，修改倒角立方体的参数，如图 2-1-4 所示。

(a) 英文界面

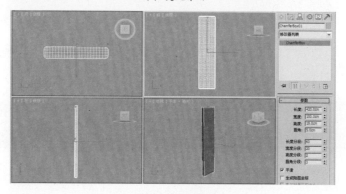

(b) 中文界面

图 2-1-4　修改倒角立方体的参数

（7）如果此时在视图中并不能看见倒角立方体的全部，可单击视图右下角视图控制区中的【全部显示】按钮 （也可以按键盘上的快捷键【Z】），此时倒角立方体即可全部显示在视图范围之内。

（8）选择倒角立方体之后，单击视图右上角的颜色块，更改物体对象的颜色。

（9）将颜色块前面的英文名字"ChamferBox 01"删除，重新给物体命名为"休闲椅"。

（10）单击 按钮，然后单击【Modifier List】（修改器列表），从列表中选择【Bend】（弯曲）命令，并调节其参数至如图 2-1-5 所示。

此时"休闲椅"的弯曲效果如图 2-1-6 所示。由图中可见，弯曲的位置不理想，所以还需要做调整。

(a) 英文界面

(a) 中文界面

图 2-1-5 设置【Bend】命令的参数

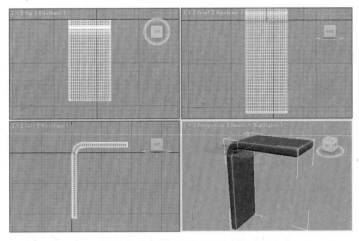

图 2-1-6 "休闲椅"的弯曲效果

（11）在修改堆栈栏中单击展开【Bend】列表，再单击次物体级【Center】（中心），返回左视图，单击 按钮并将光标移至 Y 轴箭头位置，以锁定 Y 轴方向，并拖拽鼠标垂直向上移动。此时"休闲椅"的弯曲位置也随之改变，如图 2-1-7 所示，然后关闭【Center】。

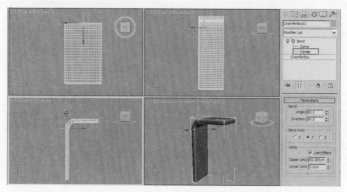

图 2-1-7　向下移动弯曲的中心

下面还要再应用一次【Bend】（弯曲）命令。可以复制该命令，操作步骤如下：

（12）返回修改堆栈栏中的【Bend】命令，在该命令上单击鼠标右键，从弹出的下拉列表中选择【Copy】（复制）选项，如图 2-1-8 所示。然后在【Bend】命令上再次单击鼠标右键，从弹出的下拉列表中选择【Paste】（粘贴）选项。

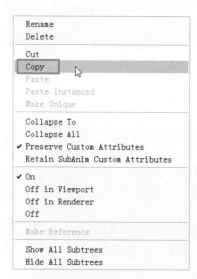

(a)（英文界面）

(b)（中文界面）

图 2-1-8　【Copy】和【Paste】选项

（13）此时视图中的"休闲椅"会出现错误的现象，如图 2-1-9 所示，需要对第二个【Bend】（弯曲）命令的参数做调整。在第二个【Bend】（弯曲）命令的参数面板中，设置新的参数为如图 2-1-10 所示。

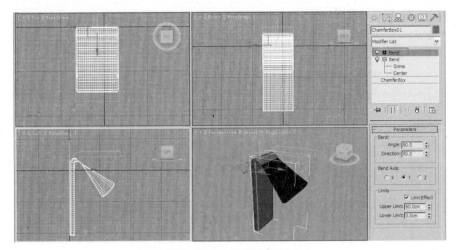

图 2-1-9　错误的现象

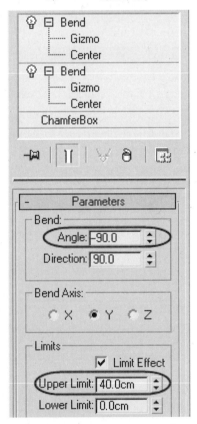

图 2-1-10　修改第二个【Bend】（弯曲）命令的参数

（14）再单击修改堆栈栏中的第二个【Bend】命令下的次物体级 Center（中心），返回左视图，单击 ✛ 按钮并将光标移至 Y 轴箭头位置，以锁定 Y 轴方向，并拖拽鼠标垂直向下移动。此时"休闲椅"的弯曲位置也随之改变，如图 2-1-11 所示，然后关闭【Center】。

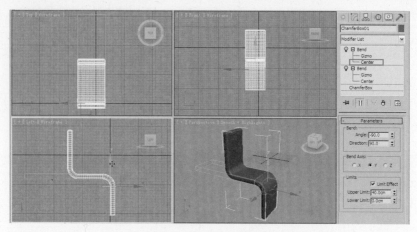

图 2-1-11　向下移动弯曲的中心

（15）单击 按钮，在【修改器列表】中选择【FFD 4×4×4】（自由变形）命令，此时在视图的右侧会出现【FFD 4×4×4】（自由变形）命令的参数面板。在修改器堆栈栏中单击命令前面的 将其变成 ，再单击【Control Points】（控制点），此时窗口中的"休闲椅"会显示橘黄色的 4×4×4 控制点。激活前视图，框选最下面一行位于中间的两组控制点，如图 2-1-12 所示；再右键激活左视图，将光标移至 X 轴箭头位置，锁定 X 轴方向，拖拽鼠标并水平向左移动选择的控制点，此时"休闲椅"下面的效果如图 2-1-13 所示。

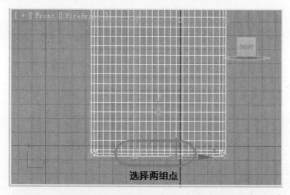

选择两组点

图 2-1-12　框选最下面一行位于中间的两组控制点

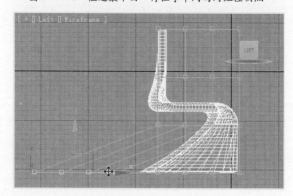

图 2-1-13　水平向左移动控制点

（16）在左视图中框选最上面的一整行控制点，同样拖拽鼠标并水平向左移动选择的控制点，使"休闲椅"的靠背稍微向后倾斜一些，如图 2-1-14 所示。

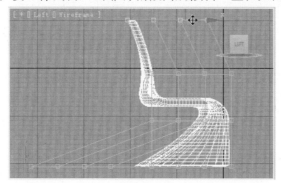

图 2-1-14　向左移动最上面的一整行控制点

（17）右键激活前视图，框选"休闲椅"的靠背最上面第一行中间的两组控制点，如图 2-1-15 所示；然后再次右键激活左视图，同样拖拽鼠标并水平向左移动选择的控制点，使"休闲椅"的靠背的中间部位再向后倾斜一些，如图 2-1-16所示。

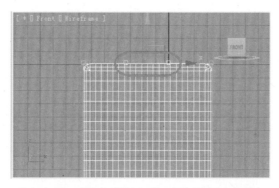

图 2-1-15　选择靠背最上面第一行中间的两组控制点

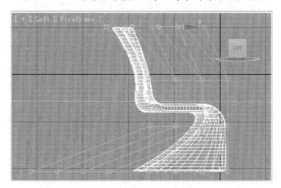

图 2-1-16　向左移动最上面的中间两组控制点

（18）右键激活前视图，框选"休闲椅"的靠背最左上角的一组控制点，并按住【Ctrl】键再次框选最右上角的一组控制点，如图 2-1-17 所示。锁定 Y 轴，拖拽鼠标并垂直向下移动选择的控制点，结果如图 2-1-18 所示。

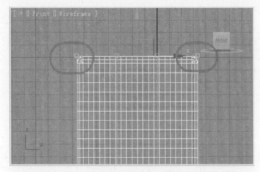

图 2-1-17　选择靠背最左上角和右上角的两组控制点

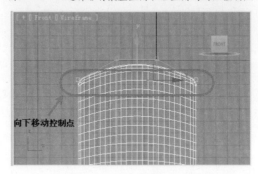

图 2-1-18　向下移动控制点

（19）激活左视图，框选"休闲椅"最右下角的两组控制点，拖拽鼠标并水平向左移动选择的控制点，结果如图 2-1-19 所示。

依照上述方法再对"休闲椅"进行精细的调整，最终效果如图 2-1-20 所示。

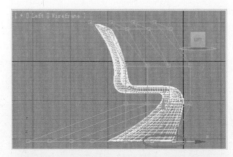

图 2-1-19　向左移动最右下角的两组控制点

图 2-1-20　"休闲椅"最终效果

2.2　应用 Reactor 动力学模拟系统制作沙发靠垫

3ds Max 2012 取消了动力学模拟系统插件 Reactor（反应堆），取而代之的是 MassFX 新动力学系统。在工具栏上单击鼠标右键即可调出 MassFX 工具条。但是，该新动力学系统不能很好地模拟创建沙发靠垫。因此，以下制作步骤是利用 3ds Max 2011 完成的。

3ds Max 2011 以及之前的版本中都提供了从高级柔体和刚体动力学到流体动力学的全方位解决方案，也就是动力学模拟系统插件 Reactor（反应堆）。该插件不仅可用于产生最高级的柔体动力和刚体动力，而且可以为动画加上真实的物理动力模拟。

Reactor（反应堆）是采用 havok 动力引擎来产生出这些真实、精确、快速、稳定的动力学模拟的。利用功能健全的刚体动力学模拟可以方便地制作出墙碰撞、倒塌以及机械和车辆等，并且可以加入影响它们的重力、风力、摩擦力以及其他力场，还可以与 3ds Max 控制的动画物体（比如动画的角色）完全结合。模拟支持 3ds Max 创建的任何物体，并可实时进行碰撞检测和交互作用。

Reactor（反应堆）中的刚体动力是应用最广泛的。在场景中创建的任何一个物体都可以是一个刚体。所谓刚体动力是指刚体之间产生的刚性碰撞。

在应用 3ds Max 制作卧室效果图时经常要创建床上用品，比如床罩、枕头、床单等。下面将介绍应用 Reactor 动力学模拟系统工具创建沙发靠垫。

（1）单击视图右侧命令面板上的 ◎【Geometry】（几何体）按钮，再单击【Box】按钮，在【Top】（顶视图）中创建一个立方体，如图 2-2-1 所示。

（2）单击视图右侧命令面板上的 ◢【Modify】（修改）

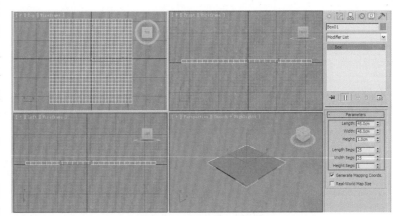

图 2-2-1　创建一个立方体

按钮，修改立方体的参数，如图 2-1-1 所示。如果此时在视图中并不能看见立方体的全部，则可单击视图右下角视图控制区中的 ⊞【全部显示】按钮（也可以按键盘上的快捷键【Z】），使立方体全部显示在视图范围之内。

（3）在主要工具条按钮的任意空白区域，当鼠标变成 ✋ 时，单击鼠标右键，

在弹出的下拉列表中点选【Reactor】，此时弹出的【Reactor】工具栏如图 2-2-2
所示。

图 2-2-2　Reactor 动力学模拟系统工具栏

（4）选择立方体，单击【Reactor】工具栏上的应用布料修改器按钮 ，并
点选右侧参数面板中的【Complex Force Model】（复杂力模型）选项，如图2-2-3所示。

（5）选择立方体，单击【Reactor】工具栏上的创建布料集合按钮，此时
视图中会添加一个图标，如图 2-2-4 所示。

（6）单击 按钮，进入【Utilities】（实用程序）命令面板，单击最后
一个【Reactor】按钮，此时会弹出【Reactor】（反应堆）参数控制面板。展
开【Preview&Animation】（预览/动画）卷展栏，单击卷展栏中的【Preview in
Window】（在窗口中预览）按钮，如图 2-2-5 所示，或单击【Reactor】工具栏
上的 按钮，这时会打开【Reactor 模拟预览】窗口，如图 2-2-6 所示。

(a) 英文界面

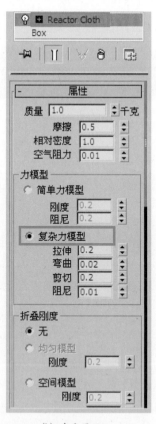

(b) 中文界面

图 2-2-3　Reactor Cloth 修改器

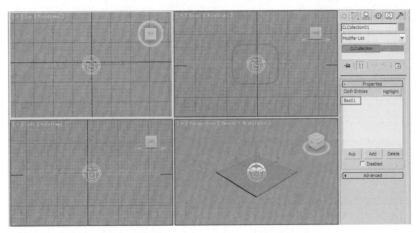

图 2-2-4　为立方体添加布料集合

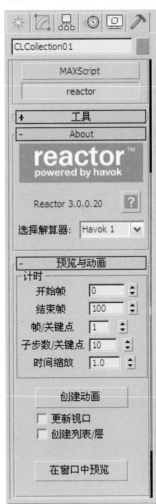

(a) 英文界面　　　　　　　　(b) 中文界面

图 2-2-5　Reactor 参数控制面板

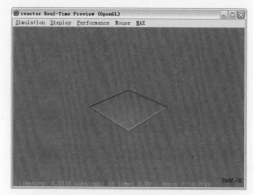

图 2-2-6 【Reactor 模拟预览】窗口

（7）按键盘上的【P】键或者单击预览窗口中的【Simulation】（模拟）菜单，从下拉列表中选择【Play /Pause】（播放 / 暂停）选项，此时就可以在窗口中看到立方体的中间部位逐渐突出的动画效果了（随时可以按【R】键将场景复位到播放前的状态）。

（8）等到立方体的中间部位完全突起时，单击预览窗口中的【MAX】菜单，从下拉列表中选择【Update MAX】（更新 MAX）选项，如图 2-2-7 所示，然后单击预览窗口的×按钮关闭窗口。

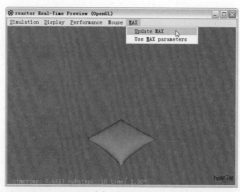

(a) 英文界面

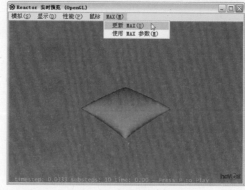

(b) 中文界面

图 2-2-7 靠垫预览结果

此时视图中已经生成了一个靠垫，下面编辑靠垫的缝合线。

（9）选择靠垫，在视图中单击鼠标右键，从弹出的右键快捷菜单中选择【Convert To】（转换为）→【Convert to Editable Poly】（转换可编辑多边形）选项，如图2-2-8所示。

（10）此时在视图右侧显示【Editable Poly】参数面板，如图2-2-9所示。

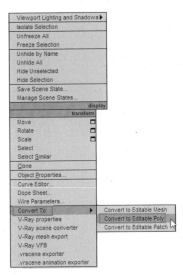

(a) 英文界面

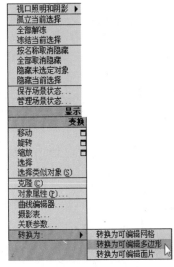

(b) 中文界面

图 2-2-8 右键快捷菜单

(a) 英文界面

(b) 中文界面

图 2-2-9 【Editable Poly】参数面板

（11）激活透视图，在【显示方式选项】控制菜单上单击鼠标右键，从下拉菜单中选择【Edged Faces】（边面）选项，如图2-2-10所示。

技巧 按键盘上的【F4】键也可转换视图显示方式，但是【Edged Faces】（边面）显示方式仅在当前视图是在【Smooth+Highlights】（平滑＋高亮）显示状态下才可用。

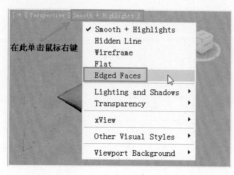
(a) 英文界面

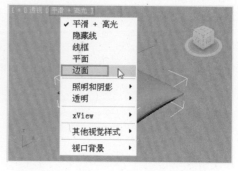
(b) 中文界面

图 2-2-10 【Edged Faces】（边面）选项

此时透视图的靠垫显示为如图2-2-11所示。

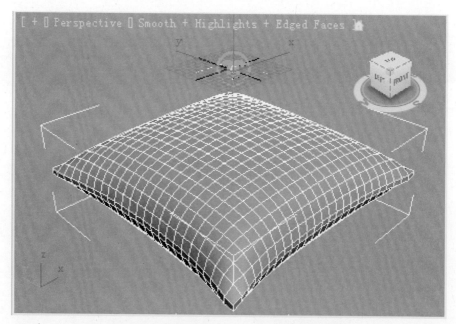

图 2-2-11 【Edged Faces】（边面）显示方式的靠垫

（12）单击右侧面板中的 ◁ 按钮，再单击视图右下角视口导航区域的 ↵ 按钮（或按住【Alt】键的同时按下鼠标的滚轮不要松开并在视图中拖拽鼠标）调节透视图，要能看到靠垫中心线的位置，以方便选择这些边线。用鼠标左键单击靠垫中心线上的一条垂直边，如图2-2-12所示。

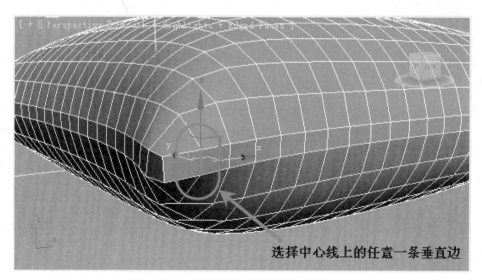

选择中心线上的任意一条垂直边

图 2-2-12　选择其中一条垂直边

（13）再单击右侧面板中的【Ring】（环形）按钮，此时靠垫中心的一圈垂直边全部被选择，如图 2-2-13 所示。

下面还需要将已选择的边再转换为面。对于初学 3ds Max 的用户，此时最好按键盘的空格键，或单击 🔒 按钮，这样就可以将已选择的所有垂直边锁定，以避免误操作使已选择的边被取消选择，影响操作。

（14）此时在视图中单击鼠标右键，并从下拉菜单中选择【Convert to Face】（转换到面）选项，如图 2-2-14 所示。

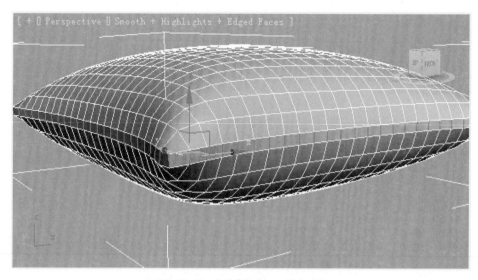

图 2-2-13　快速选择中心一圈垂直边

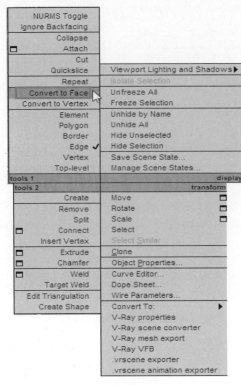

NURMS Toggle	
Ignore Backfacing	
Collapse	
☐ Attach	
Cut	
Quickslice	Viewport Lighting and Shadows ▶
Repeat	Isolate Selection
Convert to Face	Unfreeze All
Convert to Vertex	Freeze Selection
Element	Unhide by Name
Polygon	Unhide All
Border	Hide Unselected
Edge ✓	Hide Selection
Vertex	Save Scene State...
Top-level	Manage Scene States...

(a) 英文界面 (b) 中文界面

图 2-2-14 右键快捷菜单

（15）此时靠垫的中心边已被转换为面的选择方式，结果如图 2-2-15 所示。

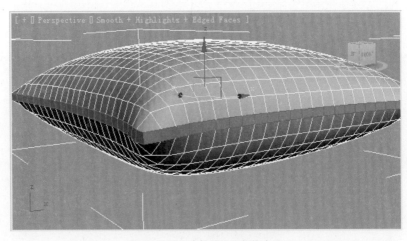

图 2-2-15 选择的边已转换为面

（16）单击右侧面板中的【Extrude】（挤出）按钮后面的 ☐（设置）按钮，弹出如图 2-2-16 所示的对话框。按图中所示进行设置，然后单击【OK】按钮，这样就制作完成了靠垫的缝合线的部分，结果如图 2-2-17 所示。

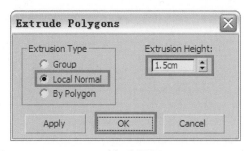
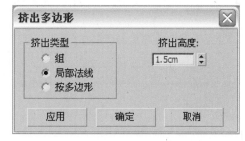

(a) 英文界面   (b) 中文界面

图 2-2-16　设置选项和参数

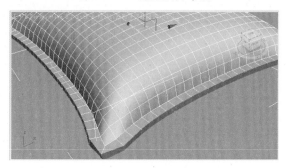

图 2-2-17　挤出的靠垫缝合线

（17）单击右侧面板中的■按钮将其关闭（或按键盘上的【4】键也可关闭和打开该按钮），按键盘上的空格键取消锁定。

（18）激活透视图并按键盘上的【F4】键将视图的显示模式再切换回原来的【Smooth +Highlights】（平滑＋高亮）显示模式。此时靠垫的效果如图 2-2-18 所示。

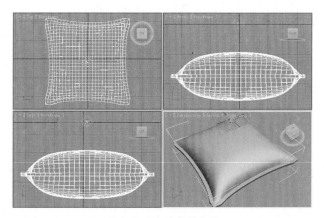

图 2-2-18　靠垫的效果

下面还需要对靠垫进行光滑处理。

（19）选择靠垫，单击修改器列表，从中选择【TurboSmooth】（涡轮平滑）修改器，并修改其参数，如图 2-2-19 所示。

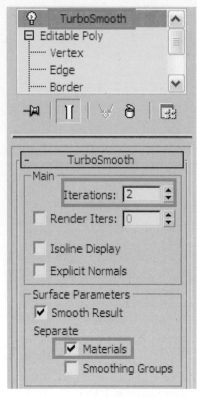

(a) 英文界面　　　　　　　　　(b) 中文界面

图 2-2-19　【TurboSmooth】修改器参数

（20）虽然已对靠垫进行了光滑处理，但是此时视图中靠垫的网格非常密，如图 2-2-20 所示，这样会占用内存从而影响操作速度。

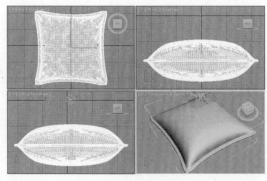

图 2-2-20　靠垫的网格密集

技巧　可以勾选【TurboSmooth】（涡轮平滑）修改器参数面板的【Isoline Display】（等值线显示）选项，这样网格的显示就恢复到原来的数量，但是这只是显示数量。

（21）选择靠垫，单击修改器列表，从中选择【Optimize】（优化）修改器，并修改其参数，如图 2-2-21 所示。

(a) 英文界面   (b) 中文界面

图 2-2-21　Optimize 修改器

从图 2-2-21 所示参数面板的下部可以看出优化前后的靠垫顶点和面的数量对比。其中【Face Thresh】（面阈值）的数值越大，优化效果越明显，但是也会导致物体对象变形，因此要适当调节该参数。

此时靠垫就制作完成了。如果还需要表现靠垫表面的自然凹凸效果，则可以继续进行如下操作。

（22）选择靠垫，并在视图中单击鼠标右键，从快捷菜单中选择【Convert To】（转换为）→【Convert to Editable Poly】（转换可编辑多边形）选项，此时右侧修改器堆栈栏中所有使用的修改器全部塌陷为一个【Editable Poly】修改器，如图 2-2-22 所示。

(a) 英文界面   (b) 中文界面

图 2-2-22　塌陷之后的修改器堆栈栏

技巧 因为下面将要使用 3ds Max 2012新增加的石墨（Graphite）建模工具对靠垫进行处理，因此在使用该工具之前必须先将物体对象转化为Polygon属性。

（23）单击石墨（Graphite）建模工具栏上的【Freeform】（自由形式）工具，再单击右侧的 🔽（最小化为面板标题）按钮，以展开【Freeform】（自由形式）的所有命令。单击推/拉工具按钮 🖌，并在工具栏的右侧设置笔刷的大小和强度，如图2-2-23所示。

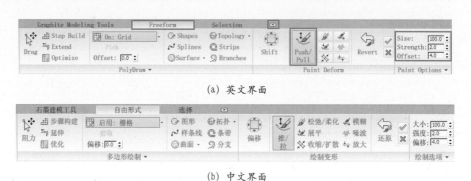

(a) 英文界面

(b) 中文界面

图2-2-23　（推／拉）工具按钮

（24）此时应用笔刷在靠垫上面编辑凹凸的效果，完成后在视图中单击鼠标右键结束笔刷的操作。靠垫的凹凸效果如图2-2-24所示。

如果觉得凹凸效果不光滑，还可以继续应用下面的工具进行完善。

（25）单击石墨（Graphite）建模工具上的【Freeform】（自由形式）工具，展开【Freeform】（自由形式）的所有命令，然后单击【Relax/Soften】（松弛／柔化）工具按钮，并在工具栏的右侧设置笔刷的大小和强度，如图2-2-25所示。

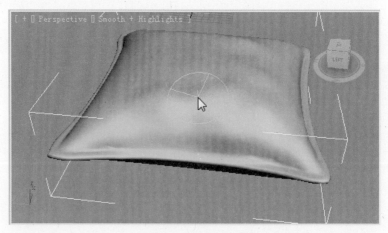

图2-2-24　应用笔刷在靠垫上面编辑凹凸的效果

(a) 英文界面

(b) 中文界面

图 2-2-25 【Freeform】工具

（26）此时应用笔刷在靠垫上面继续编辑凹凸的地方使其更加光滑，最终效果如图 2-2-26 所示。

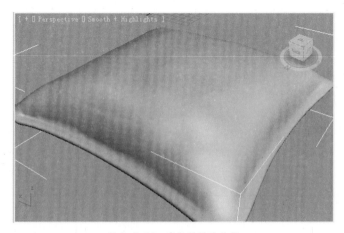

图 2-2-26 靠垫的最终效果

第3章 会议室

　　利用计算机进行图像设计已经成为一种发展趋势，这是科学技术发展的必然结果。在计算机设计行业中，建筑效果图的制作逐渐成为一个独立的分支。在此领域中，我们能够借助计算机硬件，并配合功能强大的计算机软件，轻松而真实地再现设计师的创意。同时，随着越来越多的设计人员从事效果图的制作，其渲染工具也变得多种多样。VRay渲染器可以说是其中的佼佼者，它以独特的渲染计算方式和简单便捷的渲染设置，逐渐成为设计师的首选。

　　本章将详细讲解通过3ds Max+VRay渲染器来实现一张大型会议室的效果图。会议室的最终效果如图3-1-1、图3-1-2所示。

图3-1-1　会议室日光效果图

图3-1-2　会议室夜景效果图

3.1 室内建模部分

3.1.1 创建房间

（1）单击菜单栏上的【Customize】（自定义）菜单，从下拉菜单中选择【Units Setup】（单位设置）选项，弹出【Units Setup】对话框，如图 3-1-3 所示。

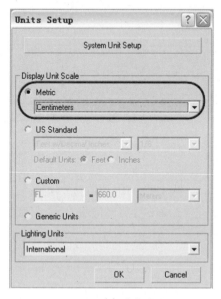
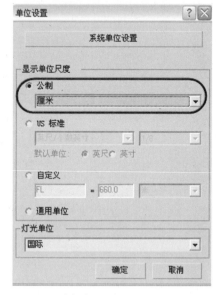

(a) 英文界面　　　　　　　　　　　(b) 中文界面

图 3-1-3 【Units Setup】对话框

（2）单击【Units Setup】（单位设置）对话框中最上边的【System Unit Setup】按钮，弹出如图 3-1-4 所示对话框，将单位设置为"厘米"。

(a) 英文界面　　　　　　　　　　　(b) 中文界面

图 3-1-4 【系统单位设置】对话框

（3）选择创建面板上的【Standard Primitives】（标准几何体）→【Box】（立方体），在顶视图中建立一个长 1185 cm、宽 600 cm、高 350 cm 的长方体，并命名为"框架"，如图 3-1-5 所示。

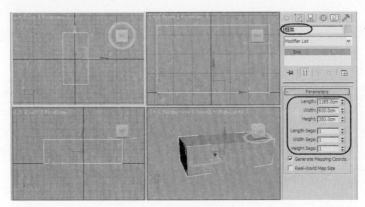

图 3-1-5　创建空间框架并设置参数

（4）为框架添加命令。单击命令面板右侧的 [图]，从列表中选择【Edit Poly】（编辑多边形）命令，激活左视图；单击屏幕右下角的最大化视口化切换按钮 [图]，最大化前视图；选择【Edit Poly】（编辑多边形）命令下的 [图] 按钮，选中"框架"模型的左下角点；激活 [图] 按钮并单击右键，在弹出的位移对话框中调整位移值 X 为 -200 cm，如图 3-1-6 所示。

提示　按键盘上的 Shift+W 快捷键也可以将当前激活的视图最大化显示。

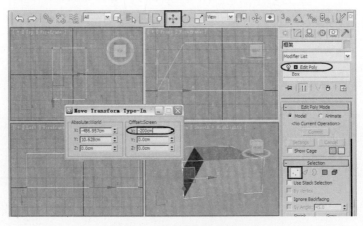

图 3-1-6　调整框架的结构

下面分别设置房间内的墙面、地面和顶面。

（5）单击【Edit Poly】（编辑多边形）命令下的【Polygon】（多边形）按钮 [图]，选择"框架"模型的斜面，按键盘上的【Delete】键将其删除，作为室外光投射的窗口。

（6）选择"框架"模型的底面，单击【Edit Geometry】（编辑几何体）卷展栏下的【Detach】（分离）右侧的方块按钮，在弹出的命令框中，为分离物体命名为"地面"，如图 3-1-7 所示。

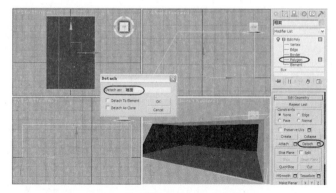

(a) 英文界面

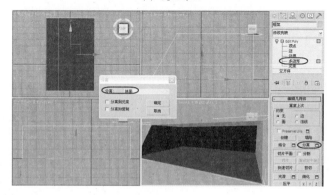

(b) 中文界面

图 3-1-7　分离框架地面

（7）用同样的方法将"框架"的顶面与右侧墙面分离出来，并分别命名为"顶面"和"右侧墙面"，如图 3-1-8 所示。

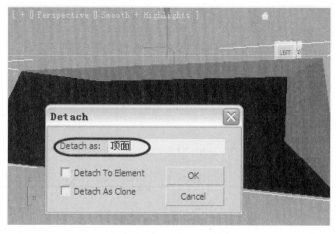

图 3-1-8　分离框架空间

3.1.2 创建相机

在创建面板中选择相机按钮 ，在下拉列表中选择 VRay 相机中的
【VRayPhysicalCamera】（VRay 物理相机），如图 3-1-9 所示。在顶视图中创建
一个相机，然后激活前视图或左视图，将创建的相机垂直向上移动至如图 3-1-10
所示的位置。单击 ，进入相机参数面板，修改参数，调节【film gate】（视图尺寸）
为 70.0，【focal length】（焦距）为 30.0，如图 3-1-11 所示。

提示 数值越大，相机看到的场景也就越大。

激活透视图，按键盘上的【C】键，将当前视图切换为 VRayPhysical
Camera01 相机视图。

图 3-1-9　VRay 相机创建面板

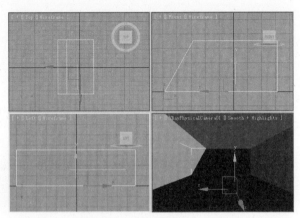

图 3-1-10　相机的位置

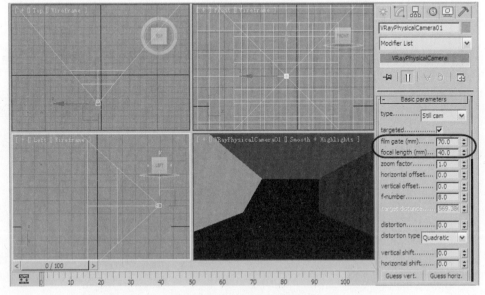

图 3-1-11　创建 VRay 物理相机

3.1.3　创建场景中的基础模型

1. 创建"窗框"模型

（1）按键盘上的【Shift+C】键将相机隐藏。最大化左视图，打开三维捕捉命令，单击创建面板中的【Standard Primitives】（标准几何体）→【Box】（立方体），沿着"框架"模型的任意一点拖拽到另一侧，创建一个长 35 cm、宽 1185 cm、高 35 cm 的立方体。

（2）最大化前视图，激活 ⟳ 按钮并单击右键，在弹出的旋转对话框中，调整 Z 轴的旋转角度为 −30，将模型放置在如图 3-1-12 所示位置（为了观察得更清楚，可按键盘上的【G】键将各个视图的网格隐藏）。

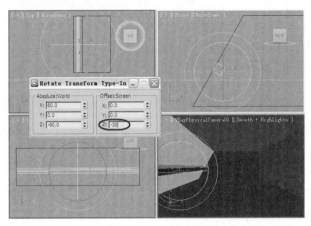

图 3-1-12　窗框的创建

（3）最大化左视图，单击创建面板中的【Standard Primitives】（标准几何体）→【Box】（立方体），创建一个长 310 cm、宽 35 cm、高 28 cm 的立方体与一个长 310 cm、宽 50 cm、高 7 cm 的立方体，位置和大小如图 3-1-13 所示。

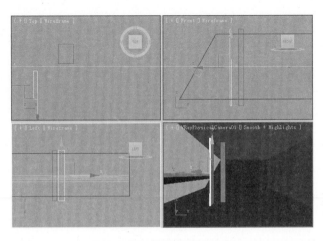

图 3-1-13　创建的两个立方体

（4）激活顶视图，选择新创建的立方体，单击菜单栏上的对齐命令 ，此时光标显示为 。在顶视图中单击 310 cm×35 cm×28 cm 的立方体边线，此时会弹出"对齐"对话框，设置 Y、Z 轴【Center】（中心）与【Center】（中心）对齐，如图 3-1-14 所示。

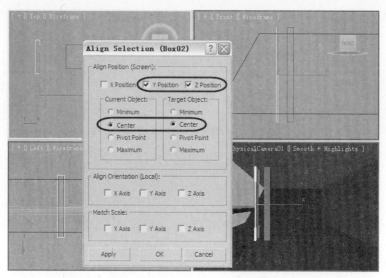

图 3-1-14　设置 Y、Z 轴对齐选项

（5）单击【Apply】（应用）按钮，再将当前物体的 X 轴【Maximum】（最大）与目标物体的【Minimum】（最小）对齐，如图 3-1-15 所示。单击【OK】按钮，结束对齐操作。

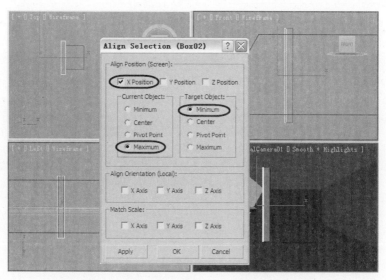

图 3-1-15　设置 X 轴对齐选项

（6）在左视图中选中刚刚对齐的两个立方体，按住键盘上的【Shift】键并拖拽鼠标复制出一组，如图 3-1-16 所示。

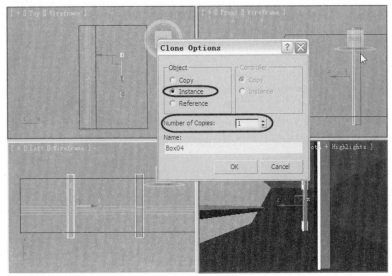

图 3-1-16　复制立方体

（7）将两组立方体同时选中，并按键盘上的空格键锁定选择；激活前视图，激活 ◯ 按钮并单击鼠标右键，在弹出的旋转输入对话框中，调整 Z 轴的旋转角度为 –30；将两组立方体放置在如图 3-1-17 所示位置，再按键盘上的空格键取消锁定。

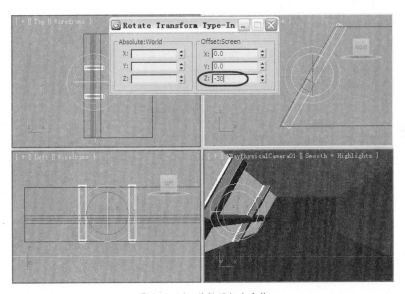

图 3-1-17　旋转两组立方体

（8）最大化左视图，单击创建面板下的【Splines】（图形）→【Rectangle】（矩形），创建一个长 180 cm、宽 100 cm 的矩形，命名为"小窗框"。

（9）设置小窗框的宽度和厚度，并为其添加【Edit Spline】（编辑曲线）命令。展开【Edit Spline】（编辑曲线）命令列表，点取【Spline】（曲线），选择下拉命令里的【Out line】（轮廓），输入轮廓值为 8 cm，如图 3-1-18 所示。

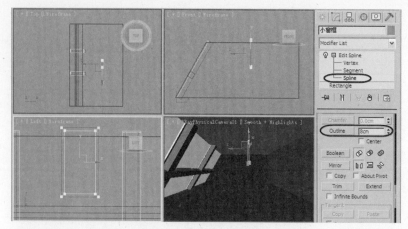

图 3-1-18　编辑曲线命令

（10）关闭【Spline】，再给"小窗框"添加【Extrude】（挤压）修改器，调节【Amount】（数量）为 8 cm，如图 3-1-19 所示。

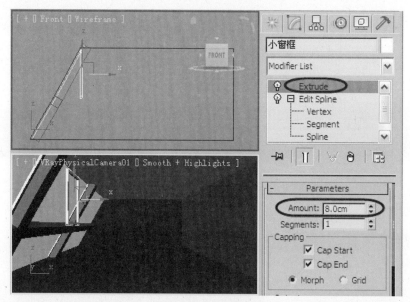

图 3-1-19　挤压参数

（11）打开三维捕捉命令，选择创建面板上的【Standard Primitives】（标准几何体）→【Box】（立方体）。在左视图中，沿着"小窗框"从内侧一点拖拽到另一侧，修改立方体的长为 8 cm、宽为 83 cm、高为 8 cm，然后将立方体放置到如图 3-1-20 所示的位置。

（12）将刚刚创建的小立方体和"小窗框"组成一个组，并命名为"小窗框 01"。激活左视图，选择"小窗框 01"组，按住键盘上的【Shift】键复制出两组。切换到前视图，选中三组"小窗框"，激活 ↻ 按钮并单击鼠标右键，在弹出的旋转对话框中，调整 Z 轴的旋转角度为 -30，然后将模型放置在如图 3-1-21 所示位置。

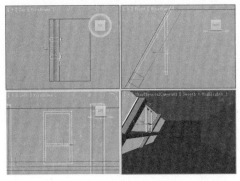
图 3-1-20　创建小立方体

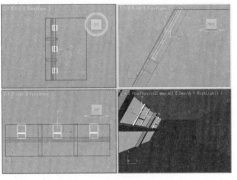
图 3-1-21　窗框的创建

（13）同样用创建面板下的【Splines】（图形）→【Rectangle】（矩形）命令，创建长 195 cm、宽 100 cm 的窗框，并调整其位置如图 3-1-22 所示。

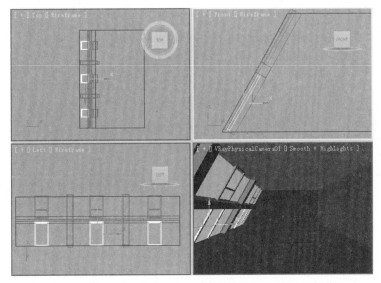
图 3-1-22　窗框的创建

选中所有"小窗框"模型，单击菜单栏上的【Group】（组）创建一个组，并命名为"窗框"。

2. 创建"吊顶"模型

本例中的吊顶是在工程类装修中常见到的铝板造型吊顶。

（1）单击创建面板上的 ○ 按钮，再单击【Standard Primitives】（标准几何体）→【Box】（立方体），在顶视图中创建一个长 80 cm、宽 560 cm、高 1.2 cm 的大立方体，再在顶视图中创建一个长 20 cm、宽 310 cm、高 5 cm 的小立方体。

（2）选中小立方体，单击菜单栏上的对齐命令 🖳，拾取大立方体的边线，设置 X 轴【Center】（中心）与【Center】（中心）对齐，单击【Apply】（应用）按钮；再将小立方体的 Y 轴【Center】（中心）与大立方体的【Minimum】（最小）

对齐，结果如图 3-1-23 所示。

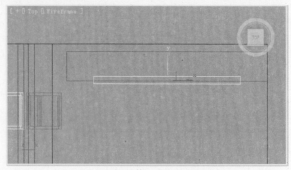

图 3-1-23　吊顶的创建

（3）按住键盘上的【Shift】键，将当前选中的小立方体向上复制一个，结果如图 3-1-24 所示。

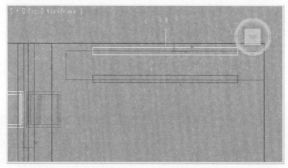

图 3-1-24　吊顶的创建

（4）选中作为吊顶的大立方体，单击创建面板上的○按钮，再单击【Compound Objects】（合成物体）→【Boolean】（布尔运算），最后单击参数面板中的【Pick Operand B】按钮（拾取运算物体 B），拾取场景中刚与其对齐的小立方体，结果如图 3-1-25 所示。

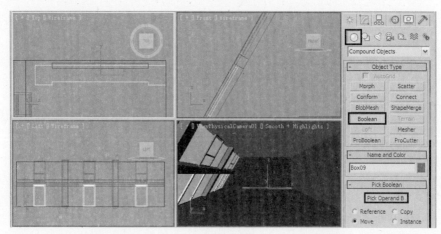

（a）英文界面

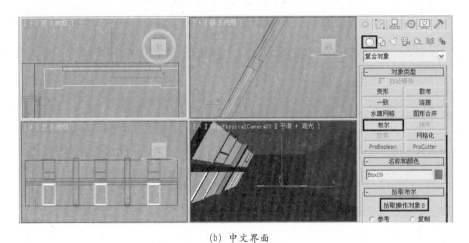

(b) 中文界面

图 3-1-25 布尔运算

（5）单击鼠标右键结束操作，再重新单击【Boolean】按钮，然后单击参数面板中的【Pick Operand B】按钮，用同样的方法拾取另一个小立方体，并调整其位置，结果如图 3-1-26 所示。

（6）在顶视图中按住键盘上的【Shift】键，将吊顶模型向下复制 13 个，如图 3-1-27 所示。

（7）选中所有"吊顶"模型，单击菜单栏上的【Group】（组）创建一个组，并命名为"吊顶"。打开三维捕捉命令，单击创建面板上的○按钮，再单击【Standard Primitives】（标准几何体）→【Plane】（平面）按钮，将顶视图中"吊顶"组的一点拖至对角点，用它来模拟"吊顶"槽内的黑色顶部分。在前视图中将其放置在"吊顶"模型与"顶面"模型的中间位置，如图 3-1-28 所示。

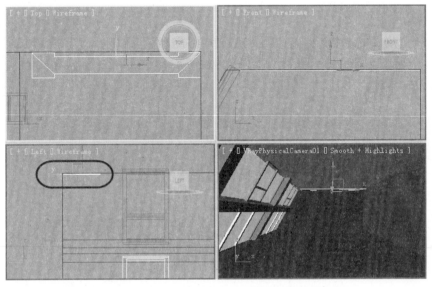

图 3-1-26 布尔运算（差集）结果及放置位置

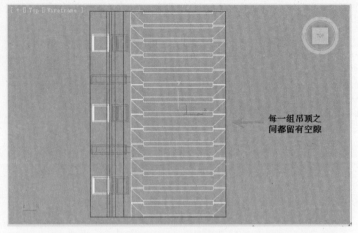

图 3-1-27　复制吊顶

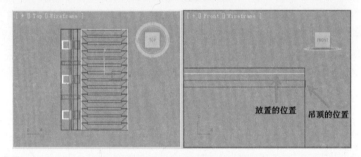

图 3-1-28　吊顶上面的黑色顶部分

3. 创建软包墙面

（1）选择场景中的"右侧墙面"，按住键盘上的【Alt+Q】，只显示当前选中的"右侧墙面"。最大化左视图，单击 按钮，在命令栏下拉菜单中选择【Edit Poly】（编辑多边形）→【Edge】（边），选择"右侧墙面"的上下两条水平边，在【Edit Edges】（编辑边）卷展栏中单击【Connect】（连接）右侧的方块 （设置）按钮，在弹出的【Connect Edges】（连接边）的设置框中调节【Segments】（片段数）为2，结果如图3-1-29所示，单击【OK】按钮。

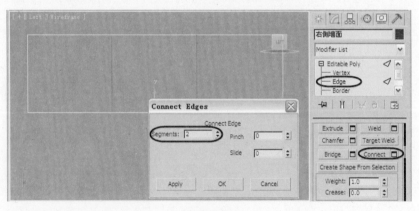

（a）英文界面

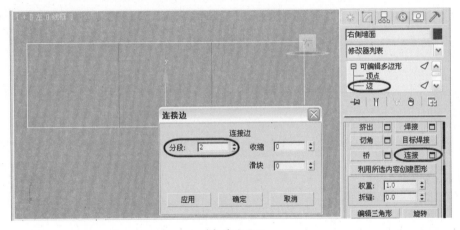

(b) 中文界面

图 3-1-29　添加两条垂直边

（2）激活【Vertex】（顶点）编辑，选择新添加的左侧一列点，在 ✛ 按钮上单击右键，输入 X 轴位移值为 –195 cm；选择新添加的右侧一列点，输入 X 轴位移值为 –330 cm，留出门的尺寸，如图 3-1-30 所示。

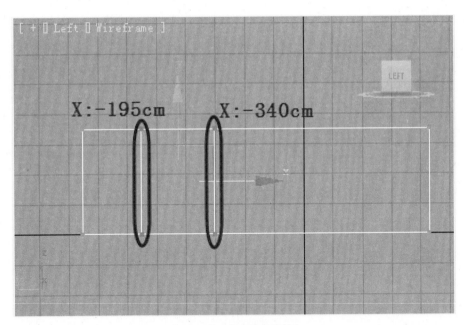

图 3-1-30　软包墙面的创建

（3）激活【Polygon】（多边形），选择留作门的部分，按键盘上的【Delete】键将其删除。再次切换到【Edge】（边）编辑，选择所有垂直边，在【Edit Edges】（编辑边）卷展栏中单击【Connect】（连接）右侧的 □ 按钮,在弹出的【Connect Edges】（连接边）的设置框中调节【Segments】（片段数）为 5，如图 3-1-31 所示。

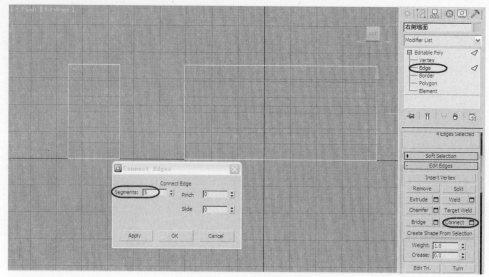

图 3-1-31　软包墙面的创建

（4）单击【OK】按钮后，再次选择右侧大面墙的上下所有横边，同样单击【Connect】（连接）右侧的□按钮，在弹出的【Connect Edges】（连接边）的设置框中调节【Segments】（片段数）为3，如图3-1-32所示。

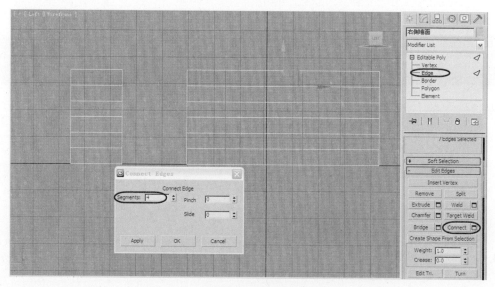

图 3-1-32　软包墙面的创建（中英文对照）

（5）单击【OK】按钮后，选择所有新生成的边，并单击鼠标右键，在弹出的命令列表中选择【Extrude】（挤压）左侧的□按钮；在弹出的对话框中，调节【Extrusion Height】（挤压高度）为1.0 cm，【Extrusion Base Width】（挤压基面宽度）为1.5 cm，如图3-1-33所示。

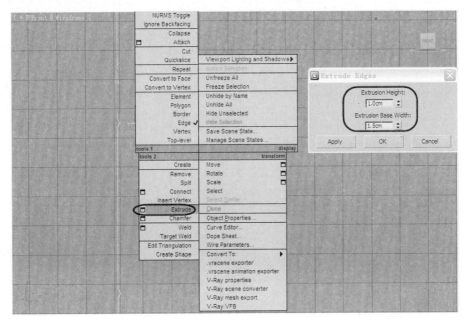

(a) 英文界面

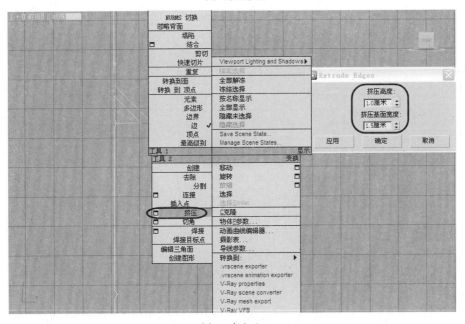

(b) 中文界面

图 3-1-33 【Extrude Edges】参数面板

4. 创建装饰画

关闭隔离工具栏，将所有物体对象全部显示。单击创建面板上的 ○ 按钮，再单击【Standard Primitives】（标准几何体）→【Box】（立方体）按钮，在前视图中建立一个长 150 cm、宽 180 cm、高 3 cm 的立方体，放置在如图 3-1-34 所示位置。

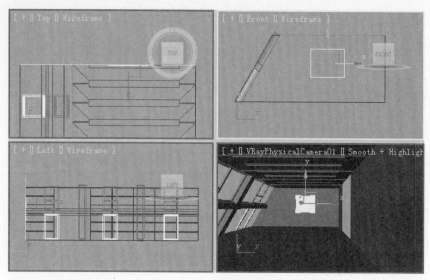

图 3-1-34 创建装饰画

5. 创建室外背景

（1）选择创建面板上的【Standard Primitives】（标准几何体）→【Plane】（平面），在左视图中创建一个长 2230 cm、宽 5000 cm 的模型，用来模拟室外的环境。将其放置在如图 3-1-35 所示的位置。

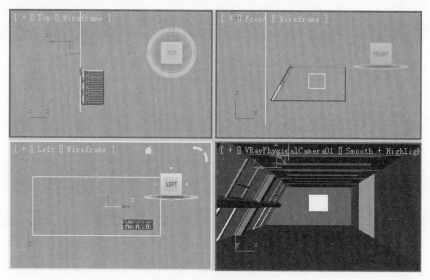

图 3-1-35 创建室外背景

图 3-1-35 中显示的【Plane】物体的正面是朝向房间里侧的，这是应用了镜像工具按钮 对【Plane】物体做了镜像处理，否则反面是朝向房间里侧的。

（2）在前视图或顶视图中，选择创建的【Plane】物体，单击镜像工具按钮 ，此时会弹出如图 3-1-36 所示对话框。

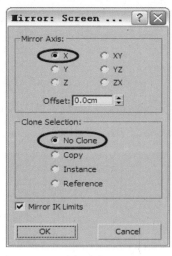
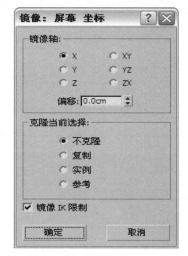

(a) 英文界面   (b) 中文界面

图 3-1-36 镜像

3.1.4 导入场景中的模型

基础模型部分我们已经创建完成了，下面导入一些场景中需要用到的其他模型。

大量的模型素材为效果图的制作带来了更多的方便，但模型素材的性质也有很大区别，尤其是尺寸方面很难统一。因此在导入模型素材的时候，要养成检查模型的习惯，这就需要我们平时对常用的家具、家电模型尺寸的了解和积累。

1. 导入"沙发"模型

单击屏幕左上角的 ⑤ 按钮→【Import】（导入）→【Merge】（合并），如图 3-1-37 所示。在弹出的文件浏览器中选择本章实例所提供的"沙发"模型，如图 3-1-38 所示。

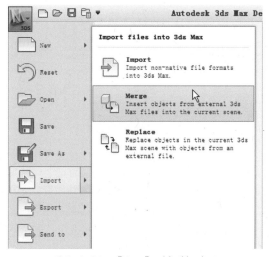

图 3-1-37 【Merge】（合并）选项

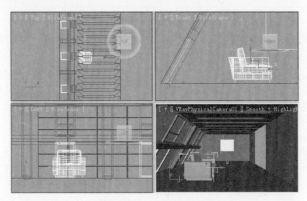

图 3-1-38　导入沙发模型

　　我们发现"沙发"模型的尺寸及摆放位置都是不正确的，这种状况非常常见。首先应单击工具栏上的缩放按钮 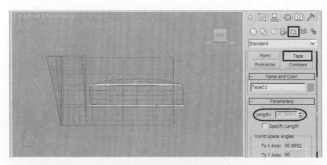，将其缩放。虽然模型的尺寸不正确，但各个部分的比例还是正确的，所以我们要将其 X、Y、Z 轴同时缩放。

　　适当缩放后我们可利用 3ds Max 自带的尺寸测量工具进行检查。一般沙发或椅子的坐面高度为 35 cm 左右。单击创建面板上的辅助体按钮 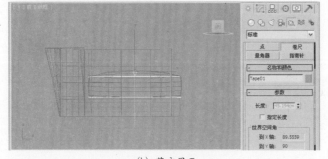，再单击【Tape】（卷尺）按钮，最大化前视图，按住鼠标左键从沙发垫的坐面一直垂直拖拽到沙发的最底部，可以看到右侧参数面板显示的测量长度为 70 cm 左右。在测量结束后直接删除标尺。

　　单击缩放按钮 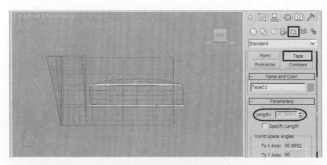，将鼠标移至坐标轴的中心位置，向下拖拽鼠标，将沙发缩放至合适大小（从沙发垫的坐面到沙发的最底部大约为 35 cm），如图 3-1-39 所示。

(a) 英文界面

(b) 英文界面

图 3-1-39　测量模型尺寸

选中"沙发"模型，将沙发底面与房间的底面对齐。

2. 导入其他模型

用同样或类似的方法导入场景中的其他模型，并摆放至如图 3-1-40 所示位置。

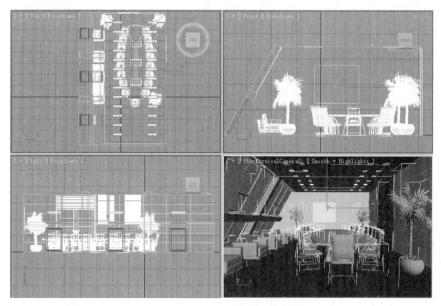

图 3-1-40　场景中的模型导入

由于模型是群组的性质，为了方便后面材质的赋予，单击菜单栏上的【Group】（群组）→【Open】（打开），让模型可以单独选择。

3.2　编辑材质

材质的表现在整张效果图中起着无比重要的作用，好比是人的衣装。效果图的整体风格、色彩都是靠材质体现的。以下将按场景中模型的面积大小依次设置所需的材质。

会议室效果图的所有材质将使用 VRay 材质进行编辑，因此在安装了 VRay 之后，还需要在 3ds Max 软件中将当前的渲染器指定为 VRay 渲染器，这样才能编辑【VRayMtl】（VR 材质）。

单击 📇（渲染设置）按钮，在弹出的【Render Setup】对话框中，将鼠标移至对话框空白处；当鼠标显示为 ✋时，拖拽至对话框最下面，展开 ＋ Assign Renderer （指定渲染器）卷展栏，参照如图 3-2-1 所示的设置，将当前的渲染器设置为 VRay 渲染器。

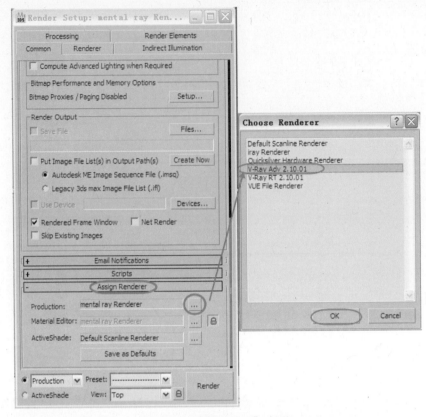

图 3-2-1 【Render Setup】对话框

1. 编辑墙面材质

墙面材质的最终效果如图 3-2-2 所示。

图 3-2-2 墙面材质球设置后的最终效果

（1）单击主要工具栏上的 按钮（或按键盘上的【M】快捷键），打开材质编辑器。在默认的情况下显示的是 3ds Max 2012 版本的 Slate Material Editor 界面，如果不习惯这个界面，可以单击该编辑器左上角的 Modes （模式）菜单，从下拉列表中选择 Compact Material Editor... （精简材质编辑器），此时将显示以前的材质球界面。选择一个材质球，此时的材质球为默认的标准材质，为材质球命名为"墙面"。单击右侧的【Standard】（标准）按钮，在弹出的贴图浏览器中，展开 V-Ray 卷展栏，选择【VRayMtl】（VR 材质）材质类型。

（2）返回材质编辑器，单击【Diffuse】右侧的色块，在弹出的颜色拾取器中，调节 R、G、B 值分别为 250。

（3）调节【Reflect】（反射色）的 R、G、B 值分别为 5，激活【Hilight glossiness】（高光光滑）按钮，设置高光光滑值为 0.3。此设置是为了让墙面有乳胶漆光滑细腻的特性。设置【Refl. glossiness】（反射光滑）值为 0.95，这是一个可使材质稍有磨砂感的数值。其他数值保持默认即可，如图 3-2-3 所示。

 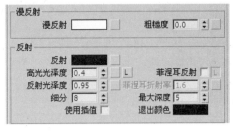

(a) 英文界面　　(b) 中文界面

图 3-2-3　材质的颜色调节、高光光滑及细分

（4）打开材质编辑器面板下面的【Options】（选项）卷展栏，取消选中【Trace reflections】（跟踪反射），这样材质就只有高光而没有反射效果了，如图 3-2-4 所示。

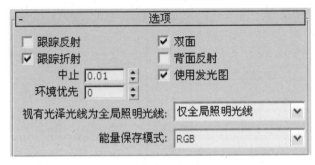

图 3-2-4　取消选中跟踪反射选项

（5）选择场景中包含"墙面"材质的模型。为了方便调节，按住键盘上的【Alt+Q】单独显示模型，单击材质编辑器面板中的 （指定材质到选择的物体）按钮，将"墙面"材质赋予已选择的"墙面"物体对象，如图 3-2-5 所示。

图 3-2-5　包含墙面材质的模型

2. 编辑地面材质

地面材质的最终效果如图 3-2-6 所示。

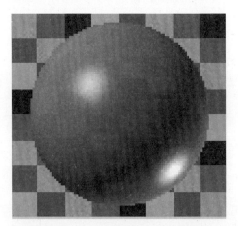

图 3-2-6　地面材质球设置后的最终效果

下面编辑一个在工装类装修中比较常用的环氧树脂地面材质。

（1）选择一个新的材质球，并命名为"地面"。单击右侧的【Standard】（标准）按钮，在弹出的贴图浏览器中选择【VRayMtl】（VR 材质），单击【Diffuse】（漫反射）右侧的色块，在贴图浏览器中选择【Falloff】（衰减）贴图类型；设置前景色的 R、G、B 值分别为 104、83、67，H、S、V 值分别为 18、91、104；设置侧景色的 R、G、B 值分别为 131、117、102，H、S、V 值分别为 22、56、131，如图 3-2-7 所示。

（2）单击 按钮返回到基本参数设置卷展栏，设置【Reflect】（反射色）的 R、G、B 值为 17。激活【Hilight glossiness】（高光光滑）按钮，设置高光光滑值为 0.75，设置【Refl.glossiness】（反射光滑）值为 0.98，设置材质的【Subdivs】（细分）值为 30，如图 3-2-8 所示。

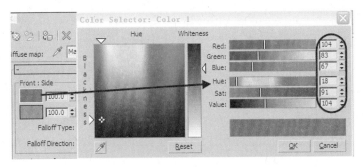

(a) 英文界面

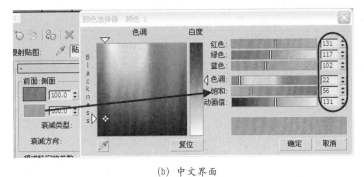

(b) 中文界面

图 3-2-7　材质的衰减设置

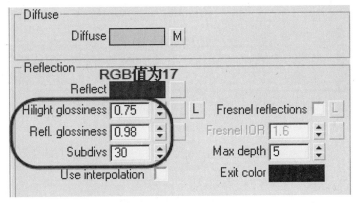

(a) 英文界面

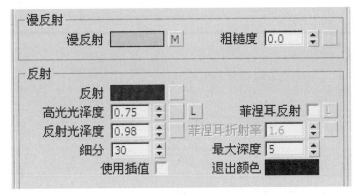

(b) 中文界面

图 3-2-8　材质的反射、高光光滑、反射光滑及细分设置

技巧 在设置大面积的反射材质时，适当地增加材质的细分值，可以更准确地反射场景中的其他材质。细分值越大，渲染时间也就越长。

（3）打开材质编辑器面板下面的【Map】（贴图）卷展栏，在弹出的贴图浏览器中选择【Noise】（噪波）贴图类型，设置【Noise Parameter】（噪波参数）栏中的噪波尺寸为1.0，如图3-2-9所示。

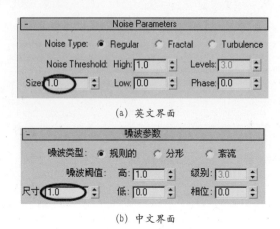

(a) 英文界面

(b) 中文界面

图 3-2-9　噪波尺寸设置

（4）单击 按钮返回到【Map】卷展栏，设置凹凸数值为15，如图3-2-10所示。

(a) 英文界面

(b) 中文界面

图 3-2-10　凹凸贴图栏

（5）选择场景中的"地面"物体对象，按住键盘上的【Alt+Q】单独显示模型，将材质赋予地面，如图3-2-11所示。

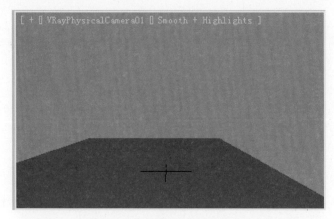

图 3-2-11　将编辑的材质赋予地面

3. 编辑吊顶材质

吊顶材质的最终效果如图 3-2-12 所示。

图 3-2-12　吊顶材质球设置后的最终效果

在制作吊顶模型的时候我们曾说过，此吊顶的材质为铝板。下面编辑一个铝板效果的材质。

（1）选择一个新的材质球，并为其命名为"吊顶"。单击【Standard】（标准）按钮，在弹出的贴图浏览器中选择【VRayMtl】（VR材质）材质类型，单击【Diffuse】右侧的色块，在弹出的颜色拾取器中，调节 R、G、B 值分别为 232、233、235，H、S、V 值分别为 142、3、235，为浅灰色。

（2）设置【Reflect】（反射色）的 R、G、B 值分别为 29、35、40，H、S、V 值分别为 147、70、40，为偏蓝色，这样材质渲染的时候就会有微蓝的反射效果。

（3）激活【Hilight glossiness】（高光光滑）按钮，设置高光光滑值为 0.7，设置【Refl. glossiness】（反射光滑）值为 0.9，磨砂值不宜过大。材质的【Subdivs】（细分）值设为 20。

（4）勾选【Fresnel reflections】（菲涅耳反射），得到一个柔和的反射效果，调节【Fresnel IOR】（菲涅耳 IOR）值为 2.8。参数如图 3-2-13 所示。

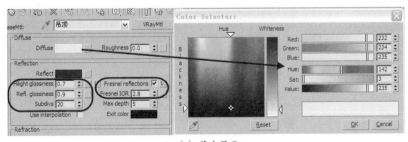

（a）英文界面

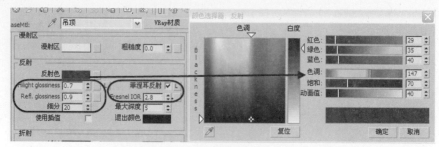

(b) 中文界面

图 3-2-13　材质的反射、高光光滑、反射光滑设置

技巧　在制作一些反射比较柔和的材质时，通常可以勾选菲涅耳反射来实现，菲涅耳 IOR 值越大，材质的高光越亮。

（5）选择场景中的"吊顶"组，按住键盘上的【Alt+Q】单独显示模型，并将材质赋予它们，如图 3-2-14 所示。

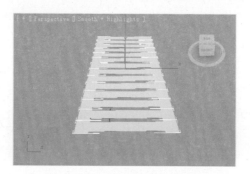

图 3-2-14　将编辑的材质赋予吊顶

4. 制作黑顶材质

黑顶材质的最终效果如图 3-2-15 所示。

图 3-2-15　黑顶材质球设置后的最终效果

（1）选择一个新的材质球，并为其命名为"黑顶"。单击【Standard】（标准）

按钮，在弹出的图浏览器中选择【VRayMtl】（VR材质）材质类型；单击【Diffuse】右侧的色块，在弹出的颜色拾取器中，调节R、G、B值均为5，其他数值保持默认即可，如图3-2-16所示。

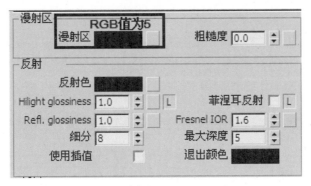

(a) 英文界面

(b) 中文界面

图3-2-16 材质的颜色设置

（2）选择场景中的"黑色顶"部分，按住键盘上的【Alt+Q】单独显示模型，并将材质赋予它，如图3-2-17所示。

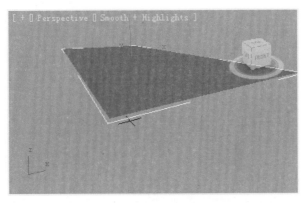

图3-2-17 将编辑的材质赋予黑顶

5. 编辑窗框材质

窗框材质的最终效果如图3-2-18所示。

图 3-2-18　窗框材质球设置后的最终效果

（1）选择一个新的材质球，并为其命名为"窗框"。单击【Standard】（标准）按钮，在弹出的图浏览器中选择【VRayMtl】（VR材质）材质类型，单击【Diffuse】右侧的色块，在弹出的颜色拾取器中，调节R、G、B值分别为77、73、60，H、S、V值分别为33、56、77，为深褐色。

（2）设置【Reflect】（反射色）的R、G、B值均为8。

（3）激活【Hilight glossiness】（高光光滑），设置高光光滑值为0.6，设置【Refl. glossiness】（反射光滑）值为0.9，磨砂值不宜过大。加大材质的【Subdivs】（细分）值，设为15，如图3-2-19所示。

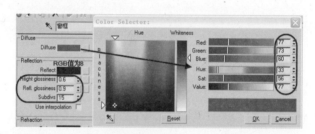

图 3-2-19　材质的反射、高光光滑、反射光滑设置

（4）选择场景中的"窗框"组，按住键盘上的【Alt+Q】单独显示模型，并将材质赋予它们，如图3-2-20所示。

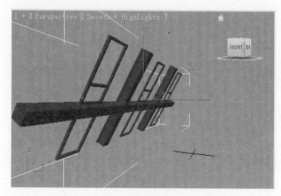

图 3-2-20　将编辑的材质赋予窗框

6. 编辑软包皮革材质

窗框材质的最终效果如图 3-2-21 所示。

图 3-2-21　皮革材质球设置后的最终效果

（1）选择一个新的材质球，并为其命名为"软包皮革"。单击【Standard】（标准）按钮，在弹出的图浏览器中选择【VRayMtl】（VR 材质）材质类型，单击【Diffuse】（漫反射）右侧的色块，在弹出的颜色拾取器中选择【Falloff】（衰减），设置前景色的 R、G、B 值分别为 213、189、151，H、S、V 值分别为 26、73、213；设置侧景色的 R、G、B 值分别为 184、154、106，H、S、V 值分别为 26、108、184，如图 3-2-22 所示。

（2）单击 按钮返回到基本参数栏，设置【Reflect】（反射色）的 R、G、B 值均为 35。激活【Hilight glossiness】（高光光滑），设置高光光滑值为 0.75，设置【Refl. glossiness】（反射光滑）值为 0.95。勾选【Fresnel reflections】（菲涅耳反射），得到一个柔和的反射效果，调节【Fresnel IOR】（菲涅耳 IOR）值为 2.0。加大材质的【Subdivs】（细分）值，设为 16，如图 3-2-23 所示。

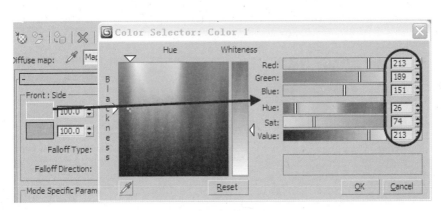

（a）英文界面

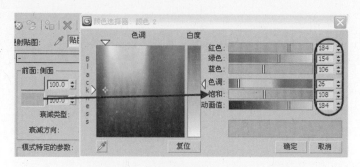

(b) 中文界面

图 3-2-22　材质的衰减设置

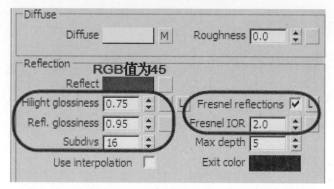

(a) 英文界面

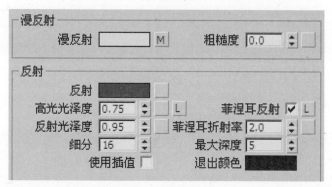

(b) 中文界面

图 3-2-23　材质的反射、高光光滑、反射光滑及细分设置

（3）打开材质编辑器面板下面的【Map】卷展栏，将光盘中本章目录下的
"Archmodels59_leather.jpg" 贴图直接拖拽到【Map】卷展栏下的【Bump】（凹凸）下，
并将凹凸数值调节至 30，从而得到一个皮革特有的纹理凹凸效果，如图 3-2-24 所示。

图 3-2-24　材质的凹凸设置

（4）选择场景中的"右侧墙面"模型，按住键盘上的【Alt+Q】单独显示模型，
并将材质赋予它，如图 3-2-25 所示。

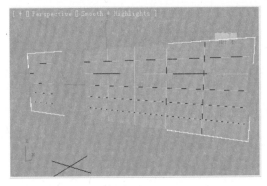

图 3-2-25　将编辑的材质赋予"右侧墙面"皮革

7. 编辑木纹材质

木纹材质的最终效果如图 3-2-26 所示。

图 3-2-26　木纹材质球设置后的最终效果

（1）选择一个新的材质球，并为其命名为"木纹"。单击【Standard】（标准）按钮，在弹出的图浏览器中选择【VRayMtl】（VR 材质）材质类型，单击【Diffuse】（漫反射）右侧的方块，在弹出的贴图浏览器中选择【Bit map】（位图），打开本章实例所带的贴图"wenge.jpg"。在【Coordinates】（坐标）卷展栏下调节【Blur】（模糊）值为 0.2，让材质的纹理更加清晰，如图 3-2-27 所示。

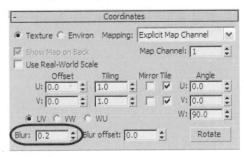

（a）英文界面

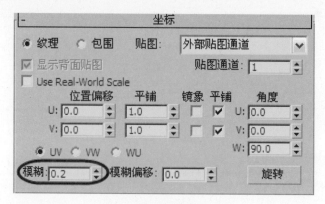

(b) 中文界面

图 3-2-27　材质的模糊设置

（2）单击 按钮，返回到"木纹"材质面板，调节【Reflect】（反射色）的 R、G、B 值为 20。激活【Hilight glossiness】（高光光滑），设置高光光滑值为 0.75，设置【Refl. glossiness】（反射光滑）值为 0.98。加大材质的【Subdivs】（细分）值，设为 15，如图 3-2-28 所示。

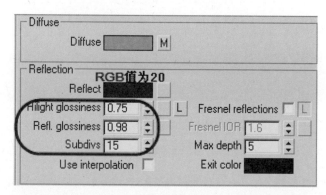

(a) 英文界面

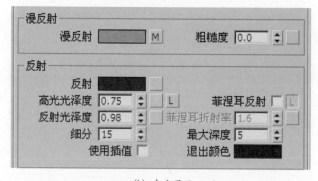

(b) 中文界面

图 3-2-28　材质的高光光滑、反射光滑及细分设置

（3）选择场景中的"门"和"会议桌"模型，按住键盘上的【Alt+Q】单独显示模型，并将材质赋予它们，如图 3-2-29 所示。

图 3-2-29　将编辑的材质赋予"门"和"会议桌"

8. 编辑金属材质

金属材质的最终效果如图 3-2-30 所示。

图 3-2-30　金属材质球设置后的最终效果

金属的质感在效果图中是非常强烈的，也是常用的材质之一。

（1）选择一个新的材质球，并为其命名为"金属"。单击【Standard】（标准）按钮，在弹出的图浏览器中选择【VRayMtl】（VR 材质）材质类型，单击【Diffuse】右侧的方块，调节 R、G、B 值均为 59。

（2）设置【Reflect】（反射色）的 R、G、B 值均为 195。激活【Hilight glossiness】（高光光滑），设置高光光滑值为 0.79，设置【Refl. glossiness】（反射光滑）值为 0.92，设置材质的【Subdivs】（细分）值为 14，如图 3-2-31 所示。

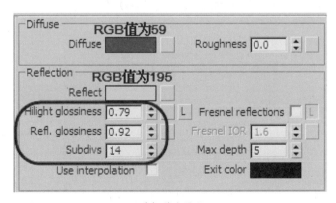

（a）英文界面

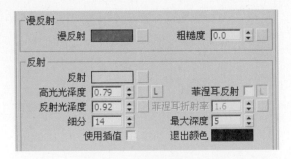

（b）中文界面

图 3-2-31 材质的颜色、高光光滑、反射光滑及细分设置

（3）选择场景中包含"金属"材质的模型，如"门"模型的把手、"椅子"模型的扶手及椅子腿和"射灯组"，按住键盘上的【Alt+Q】单独显示模型，并将材质赋予它们，如图 3-2-32 所示。

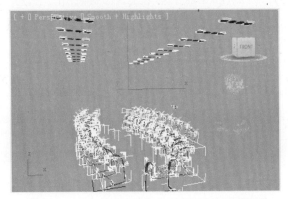

图 3-2-32 将编辑的材质赋予"金属"材质的模型

9. 编辑椅子布材质

椅子布材质的最终效果如图 3-2-33 所示。

图 3-2-33 椅子布材质球设置后的最终效果

VRay 渲染器的独特之处就是可以最大限度地还原真实的物体质感效果，织物布艺就是其中之一。虽然是插件渲染，但 3D 自身的设置应用也是必不可少的。这里我们就通过 3D 的标准材质来实现枕头材质的制作。

（1）选择一个新的材质球，并为其命名为"椅子布"。在【Shader Basic Parameters】（基本参数栏）中将基本模型改为专门用来制作织物效果的【Oren-Nayar-Blinn】，如图 3-2-34 所示。

（2）单击【Diffuse】（漫反射）右侧的方块，在弹出的贴图浏览器中选择【Bitmap】（位图），打开本章实例所带的贴图"Archmodels59_ cloth_025.jpg"。

（3）单击 按钮，勾选【Self-Illumination】（自发光），单击右侧的方块按钮，在弹出的材质贴图浏览器中选择【Mask】（蒙板）。单击【Map】（贴图），在弹出的材质贴图浏览器中选择【Falloff】（衰减），设置侧景色的 R、G、B 值均为 116，如图 3-2-35 所示。

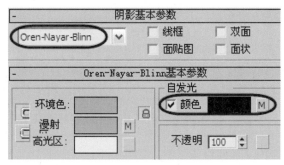

(a) 英文界面

(a) 中文界面

图 3-2-34 设置阴影基本参数

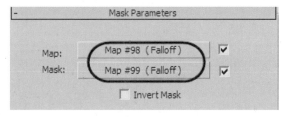

(a) 英文界面

(b) 中文界面

图 3-2-35　为材质添加蒙板

（4）将默认的【Falloff Type】（衰减类型）改为【Fresnel】（菲涅耳）反射，如图 3-2-36 所示。

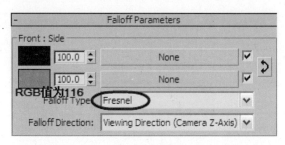

(a) 英文界面

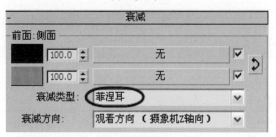

(b) 中文界面

图 3-2-36　衰减类型

（5）单击 按钮返回到【Mask Parameters】（蒙板参数）栏，同样单击【Mask】（蒙板），在弹出的材质贴图浏览器中选择【Falloff】（衰减），设置侧景色的 R、G、B 值为 116。将默认的【Falloff Type】（衰减类型）改为【Shadow/Light】（阴影/照明），如图 3-2-37 所示。

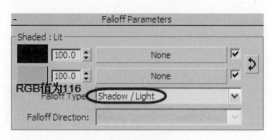

(a) 英文界面

(b) 中文界面

图 3-2-37　衰减类型

技巧　在【Self-Illumination】（自发光）中添加【Mask】（蒙板）命令，是为了更好地模拟布艺的毛绒效果。

（6）选择场景中"椅子"模型的坐垫及靠背部分，按住键盘上的【Alt+Q】单独显示模型，并将材质赋予它们，如图 3-2-38 所示。

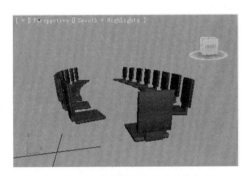

图 3-2-38　将编辑的材质赋予椅子布

10. 编辑沙发布材质

沙发布材质的最终效果如图 3-2-39 所示。

图 3-2-39　沙发面材质球设置后的最终效果

该材质与"椅子布"材质制作过程相似。

（1）选择一个新的材质球，并为其命名为"沙发布"。在【Shader Basic Parameters】（基本参数栏）中将基本模型改为专门用来制作织物效果的【Oren-Nayar-Blinn】。

（2）单击【Diffuse】（漫反射）右侧的方块，在弹出的贴图浏览器中选择【Falloff】（衰减），设置前景色的 R、G、B 值分别为 251、248、238，H、S、V 值分别为 33、13、251；设置侧景色的 R、G、B 值分别为 237、221、177，H、S、V 值分别为 31、65、237。将默认的【Falloff Type】（衰减类型）改为【Fresnel】（菲涅耳）反射，如图 3-2-40 所示。

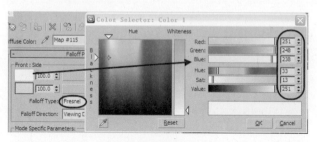

(a) 英文界面

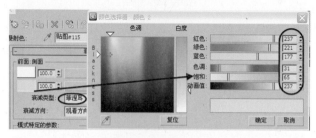

(b) 中文界面

图 3-2-40　贴图衰减

（3）单击 ❄ 按钮返回到基本参数栏，打开【Map】卷展栏，将光盘中本章目录下的"Archmodels59_ cloth_bump_023.jpg"贴图直接拖拽到【Map】卷展栏下的【Bump】（凹凸）按钮上，并将凹凸数值调节至 50，得到一个布纹凹凸的效果，如图 3-2-41 所示。

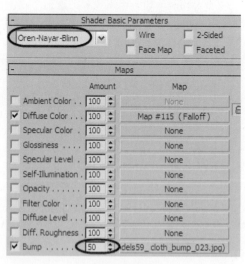

(a) 英文面板

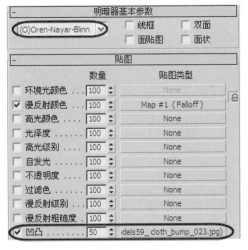

(b) 中文面板

图 3-2-41　材质的凹凸设置

（4）选择场景中的"沙发"模型，按住键盘上的【Alt+Q】单独显示模型，并将材质赋予它们，如图 3-2-42 所示。

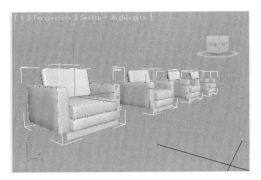

图 3-2-42　将编辑的材质赋予沙发

11. 编辑绿植材质

绿植材质的最终效果如图 3-2-43 所示。

图 3-2-43　绿植材质球设置后的最终效果

（1）选择一个新的材质球，并为其命名为"绿植"。单击【Standard】（标准）按钮，在弹出的图浏览器中选择【VRayMtl】（VR 材质）材质类型，单击【Diffuse】（漫射区）右侧的方块按钮，在弹出的材质/贴图浏览器中选择【Gradient】（渐变）贴图类型。设置第一个颜色 R、G、B 值为均 0，第二个颜色 R、G、B 值分别为 44、82、35，H、S、V 值分别为 77、146、82，第三个颜色 R、G、B 值分别为 59、112、61，H、S、V 值分别为 87、121、112，得到一组由深到浅的渐变色，如图 3-2-44 所示。

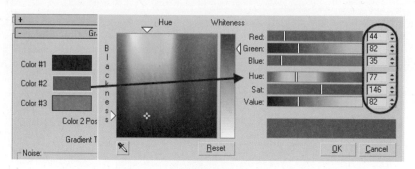

(a) 英文界面

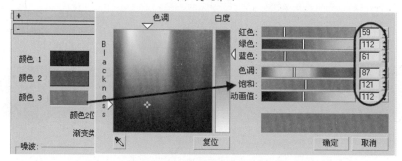

(b) 中文界面

图 3-2-44　颜色的渐变设置

（2）单击 按钮返回到基本参数设置卷展栏，调节【Reflect】（反射色）的 R、G、B 值为 8。激活【Hilight glossiness】（高光光滑），设置高光光滑值为 0.7，设置【Refl. glossiness】（反射光滑）值为 0.9，如图 3-2-45 所示。

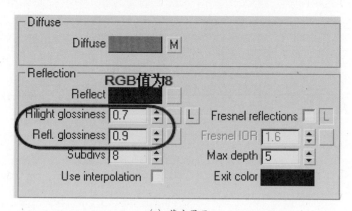

(a) 英文界面

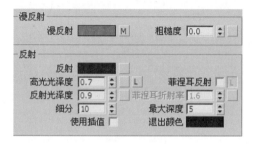

(b) 中文界面

图 3-2-45　材质的模糊设置

（3）选择场景中"绿植"模型的叶子部分，按住键盘上的【Alt+Q】单独显示模型，并将材质赋予它们，如图 3-2-46 所示。

图 3-2-46　将编辑的材质赋予绿植

12. 制作树干材质

树干材质的最终效果如图 3-1-47 所示。

图 3-2-47　树干材质球设置后的最终效果

（1）选择一个新的材质球，并为其命名为"树干"。单击【Standard】（标准）按钮，在弹出的图浏览器中选择【VRayMtl】（VR 材质）材质类型，单击【Diffuse】（漫射区）右侧的方块按钮，在弹出的材质 / 贴图浏览器中选择【Bitmap】（位图），选择本章实例下的"Arch31_007_bark.jpg"。

（2）单击 ⚙ 按钮返回到基本参数设置卷展栏，打开【Map】卷展栏，将光盘中本章目录下的"Arch31_007_bark_bump.jpg"贴图直接拖拽到【Map】卷展栏下的【Bump】（凹凸）按钮上，并将凹凸数值调节至 100，得到一个凹凸不平的树干效果，如图 3-2-48 所示。

Maps			
Diffuse	100.0	✓	Map #451 (Arch41_007_bark.jpg)
Roughness	100.0	✓	None
Reflect	100.0	✓	None
HGlossiness	100.0	✓	None
RGlossiness	100.0	✓	None
Fresnel IOR	100.0	✓	None
Anisotropy	100.0	✓	None
An.	100.0	✓	None
Refract	100.0	✓	None
Glossiness	100.0	✓	None
IOR	100.0	✓	None
Translucent	100.0	✓	None
Bump	100.0	✓	#17 (Arch41_007_bark_bump.jpg)
Displace	100.0	✓	None
Opacity	100.0	✓	None
Environment		✓	None

(a) 英文面板

贴图			
漫反射	100.0	✓	(Arch41_007_bark .jpg)
粗糙度	100.0	✓	None
反 射	100.0	✓	None
高光光泽	100.0	✓	None
反射光泽	100.0	✓	None
菲涅耳折射率	100.0	✓	None
各向异性	100.0	✓	None
各向异性旋转	100.0	✓	None
折 射	100.0	✓	None
光泽度	100.0	✓	None
折射率	100.0	✓	None
半透明	100.0	✓	None
凹 凸	100.0	✓	(Arch41_007_bark_bump.jpg)
置 换	100.0	✓	None
不透明度	100.0	✓	None
环 境		✓	None

(b) 中文面板

图 3-2-48 树干材质的设置

（3）选择场景中"绿植"模型的树干部分，按住键盘上的【Alt+Q】单独显示模型，并将材质赋予它们，如图 3-2-49 所示。

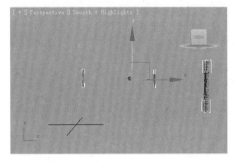

图 3-2-49　将编辑的材质赋予树干

13. 编辑陶瓷材质

陶瓷材质的最终效果如图 3-2-50 所示。

图 3-2-50　陶瓷材质球设置后的最终效果

（1）选择一个新的材质球，并为其命名为"陶瓷"。单击【Standard】（标准）按钮，在弹出的图浏览器中选择【VRayMtl】（VR 材质）材质类型，设置【Diffuse】（漫射区）的颜色 R、G、B 值为 250。

（2）陶瓷是一种反光很柔和的材质，要表现这种柔和的反射效果，我们需要为【Reflect】（反射）添加一个【Falloff】（衰减），将默认的【Falloff Type】（衰减类型）改为【Fresnel】（菲涅耳）反射，如图 3-2-51 所示。

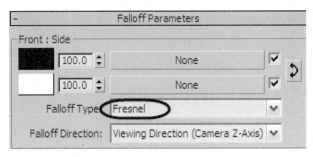

（a）英文界面

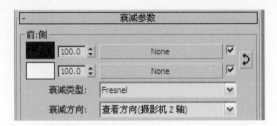

(b) 中文界面

图 3-2-51 材质的反射衰减设置

（3）单击 ⚙ 按钮返回到基本参数栏，激活【Hilight glossiness】（高光光滑），设置高光光滑值为 0.9，设置【Refl. glossiness】（反射光滑）值为 0.95，如图 3-2-52 所示。

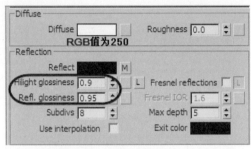

(a) 英文界面

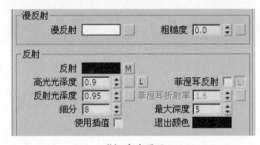

(b) 中文界面

图 3-2-52 材质的颜色、高光光滑、反射光滑及细分设置

（4）选择场景中"绿植"模型的陶瓷部分，按住键盘上的【Alt+Q】单独显示模型，并将材质赋予它们，如图 3-2-53 所示。

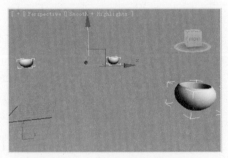

图 3-2-53 将编辑的材质赋予陶瓷

14. 编辑百叶窗材质

百叶窗材质的最终效果如图 3-2-54 所示。

图 3-2-54 百叶窗材质球设置后的最终效果

（1）选择一个新的材质球，并为其命名为"百叶窗"。在【Shader Basic Parameters】（基本参数栏）中将【Diffuse】（漫反射）颜色调节成 R、G、B 值均为 255 的纯白色，其他数值保持默认即可，如图 3-2-55 所示。

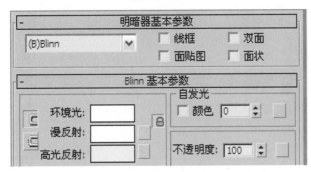

（a）英文界面

（b）中文界面

图 3-2-55 百叶窗材质的设置

（2）选择场景中的"百叶窗"模型组，按住键盘上的【Alt+Q】单独显示模型，并将材质赋予它们，如图 3-2-56 所示。

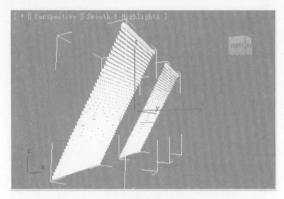

图 3-2-56　将编辑的材质赋予百叶窗

15. 编辑装饰画材质

装饰画材质的最终效果如图 3-2-57 所示。

图 3-2-57　装饰画材质球设置后的最终效果

（1）选择一个新的材质球，并为其命名为"装饰画"。单击【Standard】（标准）按钮，在弹出的图浏览器中选择【VRayMtl】（VR 材质）材质类型，单击【Diffuse】（漫射区）右侧的方块按钮，在弹出的材质/贴图浏览器中选择【Bitmap】（位图），导入本章实例下的"花瓣 .jpg"贴图。

（2）单击 按钮，返回基本参数面板，调节【Reflect】（反射色）的 R、G、B 值为 20。激活【Hilight glossiness】（高光光滑），设置高光光滑值为 0.6。此设置是为了让纸面有光滑细腻的特性。设置【Refl. glossiness】（反射光滑）值为 0.9，其他数值保持默认即可，如图 3-2-58 所示。

（3）打开【Options】（选项）卷展栏，取消选中【Trace reflections】（跟踪反射），这样材质就只有高光效果而没有反射效果了，如图 3-2-59 所示。

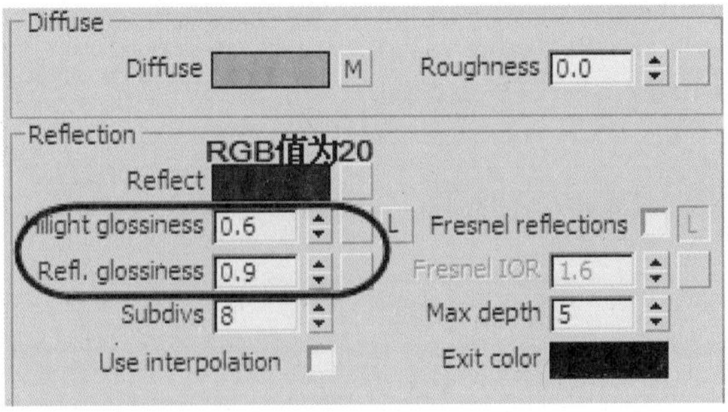

(a) 英文界面

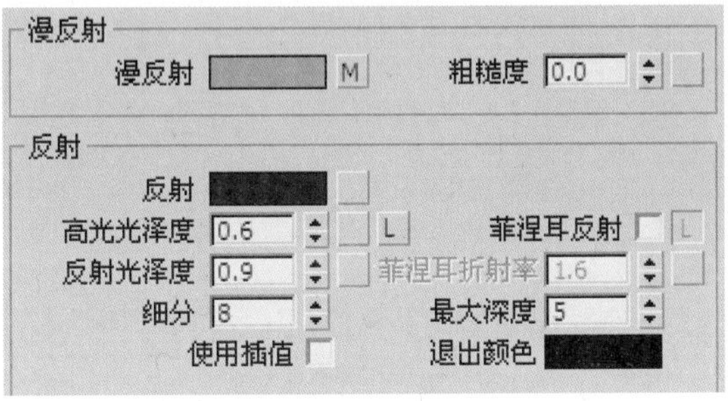

(b) 中文界面

图 3-2-58 材质的反射、高光光滑及反射光滑设置

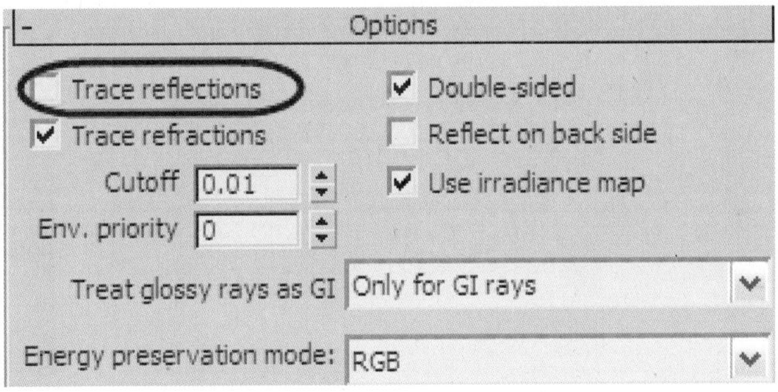

(a) 英文界面

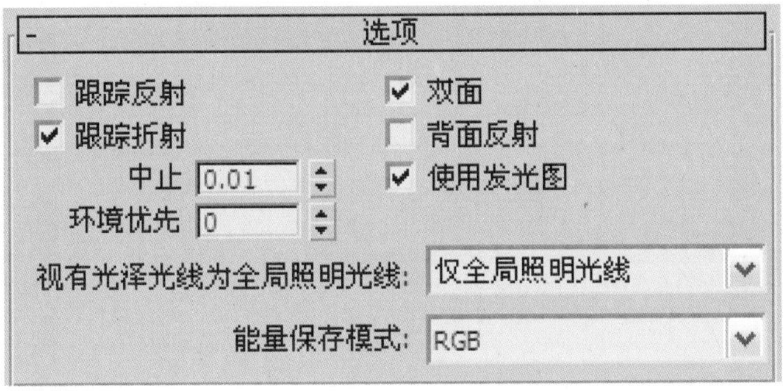

(b) 中文界面

图 3-2-59 去掉材质的跟踪反射

（4）选择场景中的"装饰画"模型，按住键盘上的【Alt+Q】单独显示模型，将材质赋予它，如图 3-2-60 所示。

图 3-2-60　将编辑的材质赋予装饰画

16. 编辑室外背景材质

下面将用一个【VRayLightMtl】（VRay 灯光）材质来实现既可以起到照明作用又可以被室内模型反射的效果。

室外背景材质的最终效果如图 3-2-61 所示。

（1）选择一个新的材质球，并为其命名为"背景"。单击【Standard】（标准）按钮，在弹出的图浏览器中选择【VRayLightMtl】（VRay 灯光）材质类型，单击【Color】（颜色）后面的方块，在弹出的材质/贴图浏览器中选择【Bitmap】（位图），导入本章实例下的"ba016.jpg"贴图。设置材质的强度值为 2.5，如图 3-2-62 所示。

图 3-2-61　室外背景材质球设置后的最终效果

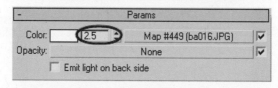

(a) 英文界面

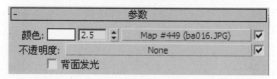

(b) 中文界面

图 3-2-62　背景材质的设置

（2）选择"室外背景"模型，并在视图中单击鼠标右键→【Object Properties 】（物体属性），如图 3-2-63 所示。

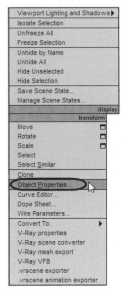
(a) 英文界面

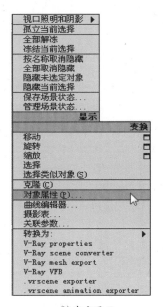
(b) 中文界面

图 3-2-63　【Object Properties】菜单

（3）为了在后期创建室外太阳光时不影响其照明及投影，我们需要勾选【Cast Shadows 】（投射阴影），这样太阳光就可以正常照射到室内了，如图 3-2-64 所示。

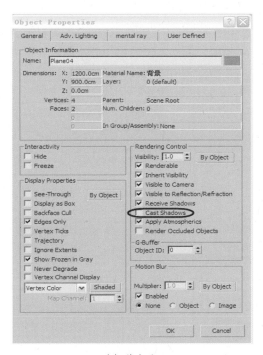
(a) 英文界面

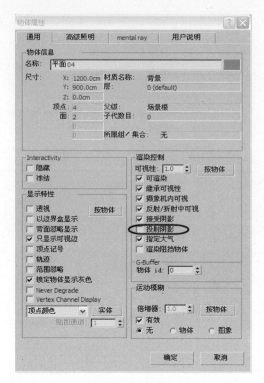

(b) 中文界面

图 3-2-64 模型的属性设置

（4）选择场景中用来模拟室外环境的模型，按住键盘上的【Alt+Q】单独显示模型，将材质赋予它，如图 3-2-65 所示。

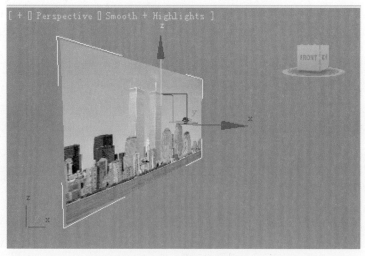

图 3-2-65 背景材质的设置

至此，场景中所有材质的设置就全部完成了。

3.3　创建太阳光和天光

下面为场景创建所需的光源，主要有室外的太阳光及天光。

3.3.1　创建室外太阳光

（1）选择创建面板 ⬭ 上的灯光 ⬭，在下拉列表中选择【VRay】→【VRaySun】（VRay 太阳光）。从顶视图中会议室模型的左下角向右上角方向拖拽鼠标即可创建 VRay 太阳光。在首次添加 VRay 太阳光时系统会弹出一个对话框，提示是否添加【VRaySky】（VRay 天空）环境贴图，这里我们选择"否"，因为我们已经创建了用来模拟室外环境的模型，如图 3-3-1 所示。

(a) 英文界面

(b) 中文界面

图 3-3-1　创建室外太阳光的设置

单击 ⬭ 按钮，将右侧参数面板【VRaySun】（VRay 太阳光）中的参数按下述内容进行设置。

（2）【invisble】（不可见）选项，通常勾选与否均可。调节【turbidity】（大气混浊度）为 2.0。大气的混浊度达到最高值时会呈现出红色的光线，反之呈现出正午混浊度最低时的光线，即最白最亮。【ozone】（臭氧）值较大时吸收的紫外线较少，反之吸收的紫外线较多，通常不用设置。

（3）调节【intensity multiplier】（强度倍增）值为 0.005。该值越大，光照就越强。因为灯光是用来模拟太阳光的，光照强度非常强，所以通常只用很小的数值就可以了。

（4）调节【size multiplier】（尺寸倍增）值为 5.0。尺寸越大，其投射的阴影边缘越模糊，反之阴影边缘越锐利。

（5）调节【shadow subdivs】（阴影细分）值为 30。细分值越大，光影越清晰，反之阴影中杂点越多。

（6）【shadow bias】（阴影偏移）值为 1.0 时，阴影有偏移；大于 1.0 时，阴影远离投影对象；小于 1.0 时，阴影靠近投影对象。对该值通常也不作调节。

（7）【photon emit radius】（光学半径）通常也不作调节。

上述参数的设置如图 3-3-2 所示。

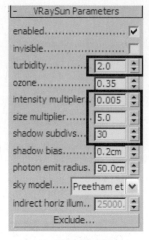 

(a) 英文界面　　　　　　　　　　　　(b) 中文界面

图 3-3-2　设置太阳光参数

（8）激活左视图或前视图，沿着 Y 轴方向向上移动太阳光至如图 3-3-3 所示位置。

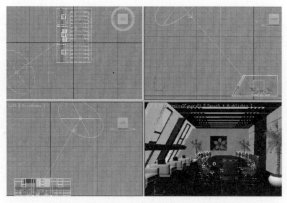

图 3-3-3　创建的 VRay 太阳光及其位置

3.3.2　创建室外天光

天光与太阳光是相辅相成的，在制作朝阳方向的场景时，可以共同使用；在制作阴面无阳光照射的场景时，就主要靠天光来完成主照明。

（1）选择创建面板○上的灯光⚲，在下拉列表中选择【VRay】→【VRayLight】（VRay 灯光），在左视图中拖拽鼠标创建一个与被照射窗口同等大小的光源。调节室外天光位置如图 3-3-4 所示。

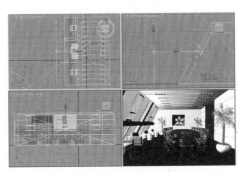

图 3-3-4 创建室外天光

单击◿按钮，将右侧参数面板【VRayLight】（VRay 灯光）中的参数按下述内容进行设置。

（2）调节【Multiplier】（倍增值）为 10.0，并设置颜色为天蓝色。

（3）勾选【Invisible】（不可见），否则灯光会以一个发光面（白色的面）的形式出现。

（4）取消勾选【Affect reflections】（影响反射）选项，同样是为了不让灯光以发光面的形式出现在反射物体上。

（5）设置灯光的【Subdivs】（细分）值为 30。

所有参数的设置如图 3-3-5、图 3-3-6 所示。

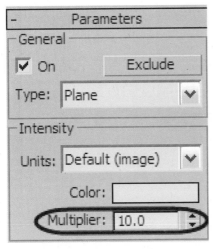

(a) 英文界面

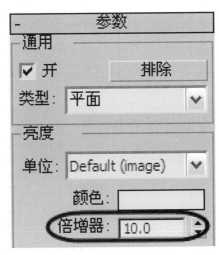

(b) 中文界面

图 3-3-5 灯光的颜色及倍增值设置

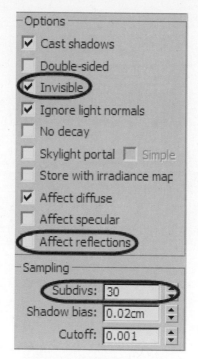

（a）英文界面

（b）中文界面

图 3—3—6　灯光的显示及细分设置

至此，场景中的光源就全部设置完成了。

3.4 设置渲染参数

下面将通过简单的渲染参数设置来测试一下场景。

3.4.1 测试渲染参数设置

单击主要工具栏上的 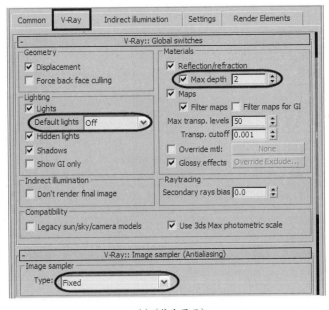（渲染设置）按钮（或按键盘上的【F10】快捷键），此时将打开【Render Setup】渲染面板，单击【V-Ray】选项卡。

（1）打开【Global switches】（总体版面）卷展栏，将【Default lights】（默认灯光）设置成【Off】（关闭）。在默认的情况下，3ds Max 会自动为场景提供一个灯光，当我们设置好灯光后就需要把默认灯光关闭，否则场景中的灯光就会被打乱。

（2）为了更快速地测试文件，将右侧【Materials】（材质）设置栏中的【Max depth】（最大深度）勾选，数值保持默认即可。此选项是设置材质在灯光反射时所反射的次数，数值越大反射次数越多，效果也就更精细，相应的渲染时间也就越长。

（3）打开【Image sampler】（图像采样）卷展栏，在采样方式里选择【Fixed】（固定比率采样器）。这同样是为了提高测试速度，因为【Fixed】（固定比率采样器）在计算物体边缘锯齿清晰度上不是很精确，所以所用的时间也会更少。

上述参数的设置如图 3-4-1 所示。

(a)（英文界面）

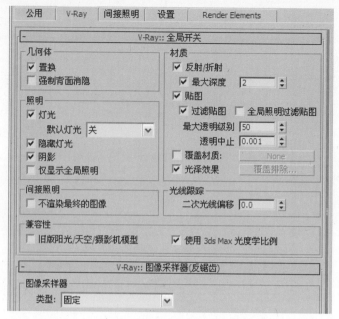

(b) 中文界面

图 3-4-1 渲染默认灯光及渲染采样的设置

（4）打开【Color mapping】（色彩贴图）卷展栏，在【Type】（样式）里选择【Exponential】（指数倍增）。【Exponential】（指数倍增）的特点是可以有效地避免场景中出现曝光现象，而且降低色彩的饱和度，使画面看上去更加柔和。其他数值使用默认值即可，如图 3-4-2 所示。

V-Ray:: Color mapping		
Type: Exponential	☐ Sub-pixel mapping	
	☐ Clamp output Clamp level: 1.0	
Dark multiplier: 1.0	☑ Affect background	
Bright multiplier: 1.0	☐ Don't affect colors (adaptation only)	
Gamma: 1.0	☐ Linear workflow	

(a) 英文界面

V-Ray:: 颜色贴图		
类型: 线性倍增	☐ 子像素贴图	
	☐ 钳制输出 钳制级别: 1.0	
黑暗倍增器: 1.0	☑ 影响背景	
变亮倍增器: 1.0	☐ 不影响颜色(仅自适应)	
伽玛值: 1.0	☐ 线性工作流	

(b) 中文界面

图 3-4-2 色彩贴图卷展栏的设置

下面设置【Indirect illumination】选项卡的参数。

（5）打开【Indirect illumination】（间接光照明）。此选项是 VR 渲染器的首要选项，如果不勾选，等于没有使用 VR 渲染器。在【Primary bounces】（首次反弹）中的【GI engine】（GI 引擎）中选择【Irradiance map】（发光贴图），在【Secondary bounces】（二次反弹）中的【GI engine】（GI 引擎）中选择【Light cache】（灯光缓冲）。这是 VRay 渲染器非常经典的计算组合，可以提供更精确的计算参数。

（6）打开【Irradiance map】（发光贴图）卷展栏，在【Current preset】（预制模式）中选择【Very low】（最低）模式，调节【HSph.subdivs】（半球细分）值为 30，如图 3-4-3 所示。这些数值也是为了节省渲染时间。

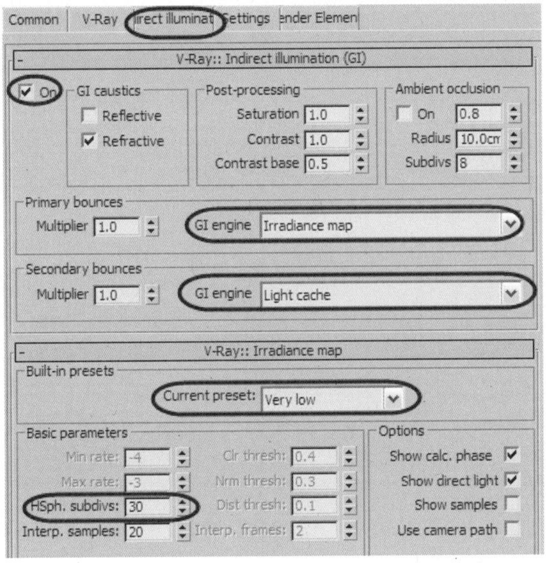

(a) 英文界面

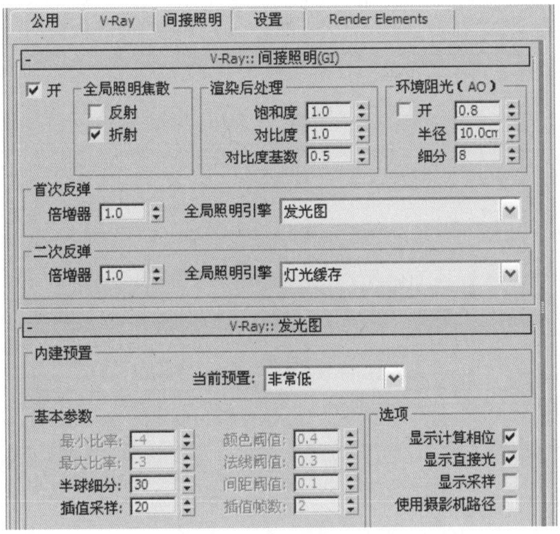

(b) 中文界面

图 3-4-3 发光贴图栏设置

（7）打开【Light cache】（灯光缓冲）卷展栏，调节【Subdivs】（细分）值为 200，如图 3-4-4 所示。

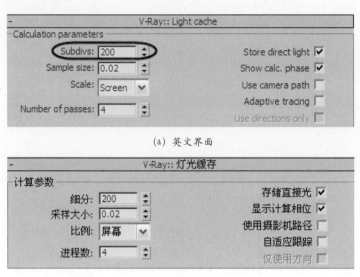

(a) 英文界面

(b) 中文界面

图 3-4-4　灯光缓冲栏设置

最后设置【Settings】选项卡中的参数。

（8）打开【DMC Sampler】（确定蒙特卡罗采样），调节【Adaptive amount】（重要性抽样数量）值为 1.0，调节【Noise threshold】（噪波极限值）值为 1。在测试渲染中，这里的设置最大限度地决定了渲染时间，所以都调节到比较粗略的数值，如图 3-4-5 所示。

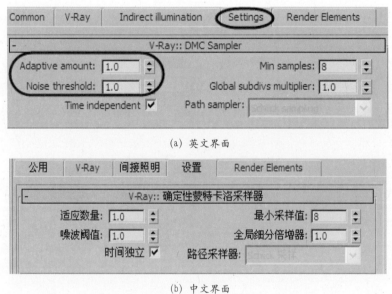

(a) 英文界面

(b) 中文界面

图 3-4-5　设置【确定蒙特卡罗采样栏】参数

（9）单击【Render Setup】渲染面板中的【Common】（通用）选项卡，将测试渲染的尺寸设置成"320×230"，单击【Render】（渲染），得到如图3-4-6所示的效果。

图3-4-6　测试渲染效果图

3.4.2　调节VRay物理相机参数

虽然场景中的投影及照明关系已经设置完成，但画面还是太暗。增加画面的亮度有很多种方法，本节将介绍通过调节【VRayPhysicalCamera】（VRay物理相机）的一些设置来提高画面的亮度。

（1）选择场景中的VRay物理相机（如果隐藏了，则将其显示）。

（2）在修改面板 中调节【f-number】（光圈大小）为6.0。与真实相机的原理相同，镜头光圈的大小决定了进光的多少。在软件中，光圈的大小值为比例值，数值越小，进光越多，画面也就越亮。

（3）【shutter speed】（曝光速度）为20.0。与真实相机的原理相同，该值同样是比例值，数值越小，曝光速度越慢，进光越多，画面也就越亮。

（4）【film speed（ISO）】（胶片敏感值）为800.0。与前两项设置不同的是，胶片敏感值越大，画面越亮。

这三个参数都是用来调节画面亮度的，没有固定数值，要依据场景灵活运用，如图3-4-7所示。

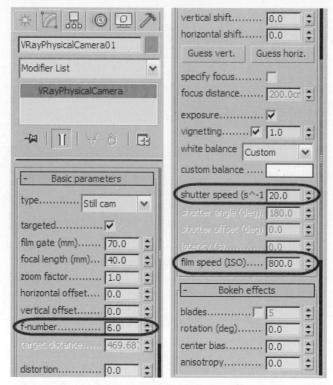

(a) 英文界面

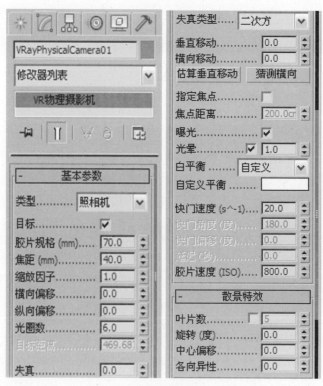

(b) 中文界面

图 3-4-7 VR 物理相机参数设置

再次渲染，如图 3-4-8 所示，可见画面的亮度得到了提高。

图 3-4-8　二次测试渲染效果图

因为效果图还要在后期通过 PS 处理，所以在渲染时不宜渲染得太亮。由于场景中有红色、深色的材质，所以画面中沙发、吊顶等出现了色溢的现象，这也是我们在制作效果图时常见的问题。

（5）选择场景中包含"椅子""会议桌""门""地面""右侧墙面""窗框"及"绿植"材质的模型，如图 3-4-9 所示。

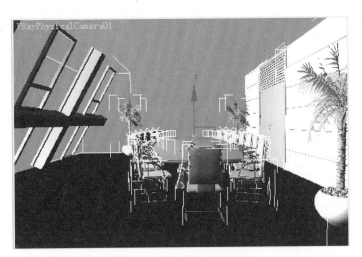

图 3-4-9　需要选择的物体对象

（6）在视图中单击鼠标右键，从弹出的快捷菜单中选择【VRay properties】（VR 物体属性）选项，在【VRay properties】对话框中，调节【Generate GI】（产生全局照明）的数值为 0.5。这是通过降低其产生的全局照明值来减少画面中的色溢现象，如图 3-4-10 所示。

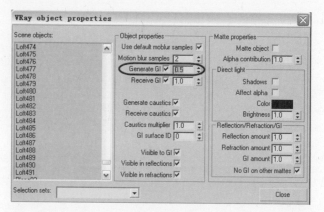

(a) 英文界面

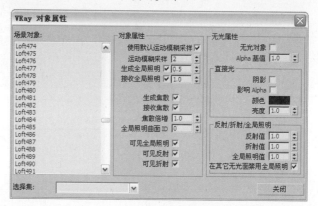

(b) 中文界面

图 3-4-10　调节模型的色溢

技巧　如果将场景中所有的模型或者全局照明值降低过多的话，也会失去画面本身的色彩。色溢现象在现实生活中还是会有的，我们要做的只是适当调节，不能完全屏蔽。

再次渲染，结果如图 3-4-11 所示。

图 3-4-11　三次测试渲染效果图

画面中的明暗对比已经比较适合我们后期进行 PS 里调整了，而且在最终出图的时候，由于黑斑和杂点的减少，画面还会稍亮一些。现在我们就可以通过渲染光子贴图来进行最终渲染了。

（7）按键盘上的【F10】快捷键，返回【Render Setup】渲染面板，打开【Global switches】卷展栏，取消选中【Materials】（材质）设置栏中的【Max depth】（最大深度）。勾选【Don`t render final image】（不渲染最终图像），这是因为我们已经清楚最终的效果，在渲染光子贴图的时候就不用再渲染图像了。

（8）打开【Image sampler】（图像采样）卷展栏，在采样方式里选择【Adaptive subdivision】（自适应细分采样器）。在【Antialiasing filter】（抗锯齿过滤器）的下拉列表里选择【Catmull Rom】（可得到非常锐利的边缘）。该选项可以更精确地计算显示模型的边缘，如图 3-4-12 所示。

（9）打开【Irradiance map】（间接照明）卷展栏，在【Current preset】（预制模式）中选择【Medium】（中等）模式。调节【HSph.subdivs】（半球采样）值为 70（较小的取值可以获得较快的速度，但很可能会产生黑斑；较高的取值可以得到平滑的图像，但渲染时间也就越长）。调节【Interp.samples】（插值的样本）数值为 35（较小的取值可以获得较快的速度，但很可能会产生黑斑；较高的取值可以得到平滑的图像，但渲染时间也就越长）。

（10）打开【On render end】（渲染结束）栏，勾选【Auto save】（自动保存），将光子贴图在渲染结束后自动保存的指定位置，并勾选【Switch to saved map】（自动调取已保存的光子贴图），这样在再次渲染大图的时候就不用手动选取已保存的光子贴图了，如图 3-4-13 所示。

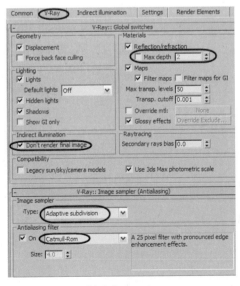

(a) 英文界面

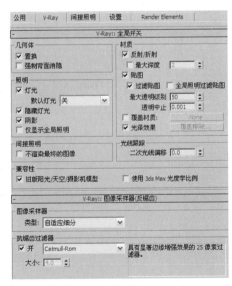

(b) 中文界面

图 3-4-12　渲染光子贴图、图像采样类型及抗锯齿设置

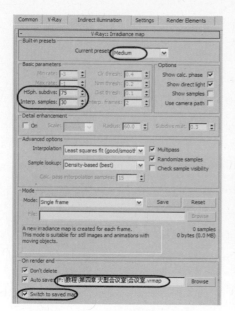
(a) 英文界面

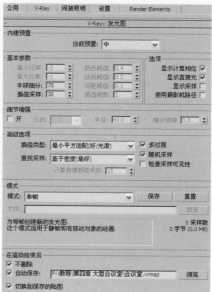
(b) 中文界面

图 3-4-13　间接照明栏及发光贴图栏设置

（11）打开【Light cache】（灯光缓冲）卷展栏，调节【Subdivs】（细分）值为 1200（确定有多少条来自摄像机的路径被追踪），调节【Sample size】（采样尺寸）为 0.01，得到一个更细致的画面。同样打开【On render end】（渲染结束）栏，勾选【Auto save】（自动保存），将光子贴图在渲染结束后自动保存的指定位置，并勾选【Switch to saved map】（自动调取已保存的光子贴图），如图 3-4-14 所示。

（12）打开【DMC Sampler】（确定蒙特卡罗采样），调节【Adaptive amount】（重要性抽样数量）值为 0.75（减小这个值会减慢渲染速度，但同时会降低噪波和黑斑）。调节【Noise threshold】（噪波极限值）值为 0.002（较小的取值意味着较少的噪波，得到更好的图像品质，但渲染时间也就越长）。调节【Min samples】（最小采样数）为 18（较高的取值会使早期终止算法更可靠，但渲染时间也就越长）。具体设置如图 3-4-15 所示。

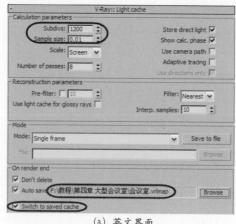
(a) 英文界面

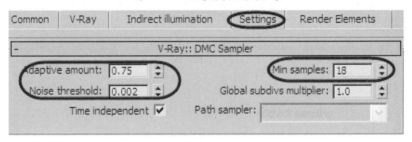

(b) 中文界面

图 3-4-14 灯光缓冲贴图的保存

(a) 英文界面

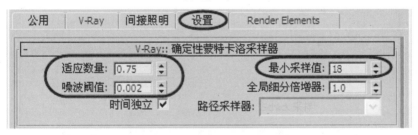

(b) 中文界面

图 3-4-15 确定蒙特卡罗参数设置

（13）再次渲染，得到光子贴图。现在我们就利用光子贴图来渲染大尺寸效果图。由于前面渲染的光子贴图尺寸为"320×230"，此处最终渲染尺寸最大不宜超过光子贴图尺寸的 3 倍，否则光子贴图的作用不大。

（14）单击【Render Setup】渲染面板中的【Common】（通用）选项卡，将

测试渲染的尺寸设置为"1000×650"。取消勾选【Global switches】卷展栏下的【Don't render final image】（不渲染最终图像）。再次渲染，得到最终渲染效果如图3-4-16所示。

图 3-4-16　最终渲染效果图

将"会议室"文件保存。

3.5　Photoshop 后期处理

在将效果图导入 Photoshop 进行后期处理之前，需要再渲染一个贴图通道，以便后面可以对每一个材质进行单独调节。

3.5.1　渲染材质单色通道

将"会议室"文件另存，并命名为"会议室—通道"，下面我们以"地面"材质为例进行调节。

编辑地面材质的通道材质，结果如图3-5-1所示。

图 3-5-1　通道材质球设置后的最终效果

（1）按键盘上的快捷键【M】，打开材质编辑器，选中"地面"材质球，单击材质名称后面的【VRayMtl】按钮，从弹出的窗口中选择【Standard】，将原有的【VRayMtl】（VRay 材质）替换为【Standard】（标准）贴图；将【Diffuse】（漫射区）的颜色调整为一个纯度较高的颜色，并调节【Self-Illumination】（自发光）的值为 100。此时材质以不接收任何 GI、独立的形式出现在场景中，如图 3-5-2 所示。

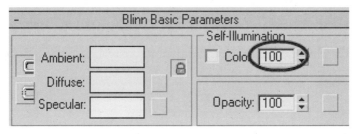

图 3-5-2　地面材质的通道材质调节

（2）调节后的材质会自动替换当前的材质。用同样的方法将场景中的所有材质进行相同的替换，每种材质的颜色只要避免过于接近就可以了。调节后的材质效果如图 3-5-3 所示。

（3）按键盘上的快捷键【F10】，打开渲染设置面板，在【Common】（通用）设置栏中的【Assign Renderer】（指定渲染器）里，将当前的 VRay 渲染器更改为 3D 默认的线性渲染器，如图 3-5-4 所示。

（4）同样用"1000×650"的尺寸渲染，得到如图 3-5-5 所示效果。

提示　在渲染与效果图匹配的贴图通道图像时，一定不要调节相机的位置和其他参数以及渲染的图像尺寸，一定要保证原图与贴图通道图像的视角、尺寸一致。

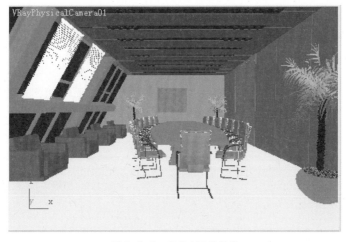

图 3-5-3　通道贴图的调节

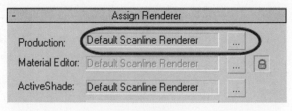

(a) 英文界面

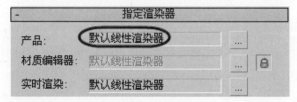

(b) 中文界面

图 3-5-4　更改渲染器

图 3-5-5　通道贴图渲染

3.5.2　后期处理

首先分析一下需要调整的问题，包括色彩、饱和度、锐化等。下面就来一一解决。

（1）打开 Photoshop 软件，将"会议室最终效果图"和"会议室贴图通道"两张图同时打开。

（2）单击 按钮，将"会议室贴图通道"拖到"会议室最终效果图"的图层之上，单击菜单栏上的【选择】→【色彩范围】，在通道贴图上将"地面"材质选中，关闭"会议室贴图通道"图层，激活"会议室最终效果图"图层，这时选区会自动将效果图中所有的地面材质选中。按住键盘上的【Ctrl+M】键打开曲线调节工具，添加控制点，并调节输入值为 193，输出值为 202，用来调节高光处的亮度。再添加一个控制点，调节输入值为 93，输出值为 86，用来调节阴影处的亮度，使画面的层次更强烈一些，如图 3-5-6、图 3-5-7 所示。

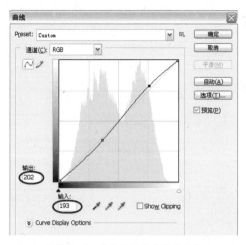

图 3-5-6　高光处的亮度调节参数

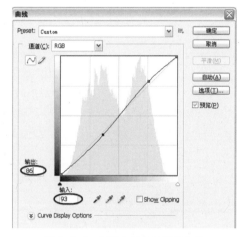

图 3-5-7　阴影处的亮度调节参数

（3）用同样的方法选择"右侧墙面"，调节"右侧墙面"的"软包"材质。按住键盘上的【Ctrl+B】键来调节"软包"材质的色彩平衡，将色调改为高光，调节红色色阶值为 +5，黄色色阶值为 −10，如图 3-5-7 所示。

图 3-5-8　色彩平衡调节

（4）用同样的方法对画面中的"绿植""吊顶""窗框""椅子""沙发"

等进行亮度和色彩平衡的调节，结果如图 3-5-9 所示。

图 3-5-9　调节画面的亮度和色彩

（5）单击菜单栏上的【滤镜】→【锐化】→【智能锐化】，调节数量值为
30%，半径为 1.0，如图 3-5-10 所示。

图 3-5-10　添加锐化滤镜

至此，PS 的后期处理就基本完成了，最终的处理效果如图 3-5-11 所示。

图 3-5-11　处理后的最终效果

3.6　制作会议室夜景效果

下面将通过几步简单的调节，制作一个会议室的夜景效果。

3.6.1　创建灯光

（1）启动 3ds Max 2012，打开"会议室 .max"文件。首先将场景中的所有灯光全部删除，并在室内重新创建灯光。

（2）最大化前视图，选择创建面板 ◎ 上的灯光 ◎ →【Photometric】（光度光学灯光）中的【Target Point】（目标点光源），并在场景中"射灯"组模型下创建一个射灯。

（3）勾选【Shadows】（阴影），并将阴影类型改为【VRayShadows】（VR 阴影），设置【Light Distribution】（灯光分布）模式为【Photometric Web】（光域网）分布，在【Distribution】（分布）卷展栏下选择本章目录下的"20.ies"光域网文件，如图 3-6-1 所示。

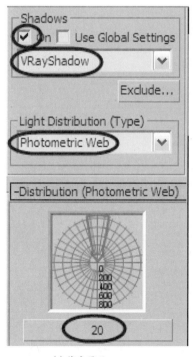
(a) 英文界面

(b) 中文界面

图 3-6-1　灯光的阴影及光域网设置

（4）将【Filter Color】（过滤颜色）设为暖黄色，【Intensity】（亮度）值设为 7500 cd，如图 3-6-2 所示。

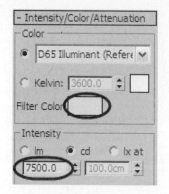

(a) 英文界面   (b) 中文界面

图 3-6-2 灯光的颜色及亮度设置

（5）在【VRayShadows params】（VR 阴影参数）卷展栏中勾选【Area shadow】（面阴影），使阴影的边缘更加柔和。增大【Subdivs】（细分）值至30，如图 3-6-3 所示。

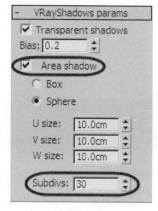
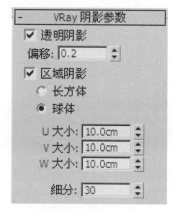

(a) 英文界面   (b) 中文界面

图 3-6-3 灯光的阴影及细分设置

（6）按住键盘上的【Shift】键，将灯光在每组射灯下复制一个，位置如图 3-6-4 所示。

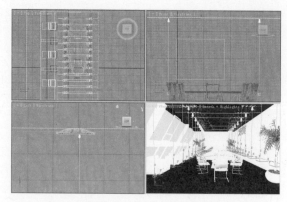

图 3-6-4 复制的射灯位置

3.6.2　创建玻璃窗

在场景中选择"百叶窗"模型组并将其删除。下面为场景创建一个玻璃，来模拟夜晚的反射效果。选择创建面板上的【Standard Primitives】（标准几何体）→【Plane】（平面），最大化左视图，创建一个长 300 cm、宽 1185 cm 的片。激活前视图，激活 ⟳ 按钮并在该按钮上单击鼠标右键，在弹出的旋转对话框中，调整 Z 轴的旋转角度至 –30，将模型放置在如图 3-6-5 所示位置。

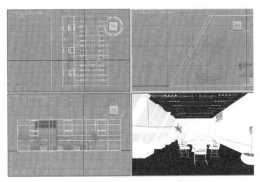

图 3-6-5　创建玻璃模型

玻璃材质的最终效果如图 3-6-6 所示。

图 3-6-6　玻璃材质球设置后的最终效果

（1）选择新的材质球并命名为"玻璃"，单击右侧的【Standard】（标准）按钮，在弹出的贴图浏览器中选择【VRayMtl】（VR 材质）类型，将【Diffuse】（漫射区）的颜色设置为纯黑色。

（2）调节【Reflect】（反射色）的 R、G、B 值均为 10。由于玻璃主要是以折射为主，所以反射值不用太高。激活【Hilight glossiness】（高光光滑），设置光滑值为 0.9。设置【Refl. glossiness】（反射光滑）值为 0.98，得到一个比较光滑的反射表面。调节【Subdivs】细分值为 3。

（3）设置【Refraction】（折射色）的 R、G、B 值均为 170。这里因为是夜晚，所以折射值不是很高。增加【Subdivs】细分值至 50。为了实现灯光穿过模型投射阴影的真实效果，在这里要勾选【Affect shadows】（影响阴影）。

（4）更改【IOR】（大气值）为 1.517。设置【Fog color】（雾色）的 R、G、B 值为 250、255、252，H、S、V 值为 102、5、255，为淡绿色；调节【Fog multiplier】（大气倍增值）为 0.1（该数值越大，材质的最终颜色越深）。

上述参数的设置如图 3-6-7 所示。

（5）将材质赋予"玻璃"模型。

（6）在材质编辑器中选择"背景"材质球，用本章实例所带的"1.jpg"背景图片替换现有的日景图片。

（7）同样用渲染日景的渲染参数渲染夜景效果图，结果如图 3-6-8 所示。

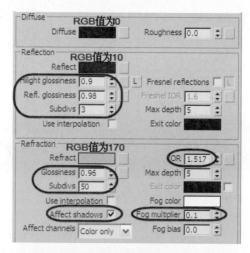

(a) 英文界面

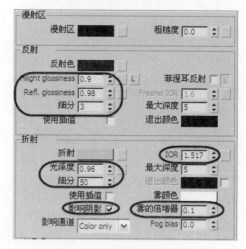

(b) 中文界面

图 3-6-7 玻璃材质的反射、折射设置

图 3-6-8　夜景效果图最终渲染

　　后期的处理方法也与之前调节日景效果图相似，这里就不一一介绍了。在后面的章节中还会做更多的介绍。

第 4 章　现代客厅

现代感的设计吸引了许多追求品味与生活质量的人，其简约、大气、活泼的特点是当下家居设计的主流。通过本章的实例讲解，我们将练习用 VR 材质、VR 灯光以及 VR 渲染器的结合，实现一个具有特色的客厅效果。最终效果如图 4-1-1 所示。

图 4-1-1　客厅效果图

4.1　室内建模部分

4.1.1　创建房间框架

（1）单击菜单栏上的【Customize】（自定义）菜单，从下拉菜单中选择【Units Setup】（单位设置）选项，弹出【Units Setup】对话框，如图 4-1-2 所示。

（2）单击【Units Setup】（单位设置）对话框中最上边的【System Unit Setup】按钮，弹出如图 4-1-3 所示对话框，将单位设置为"厘米"。

（3）选择创建面板上的【Standard Primitives】（标准几何体）→【Box】（立方体），在顶视图中建立一个长 600 cm、宽 540 cm、高 300 cm 的长方体，并命名为"框架"，如图 4-1-4 所示。

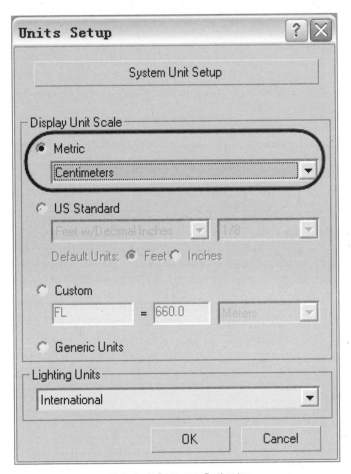

图 4—1—2 【Units Setup】对话框

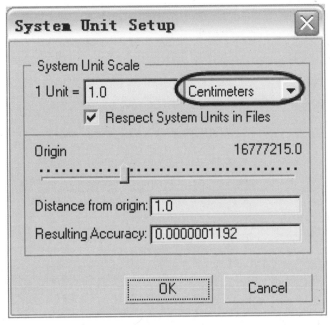

图 4—1—3 【系统单位设置】对话框

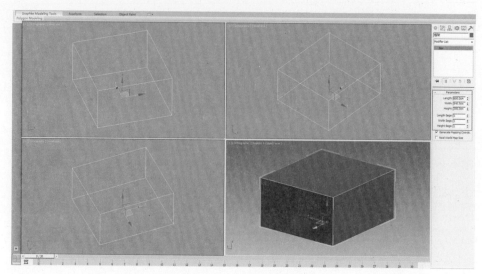

图 4-1-4　空间框架参数

下面通过【Edit Poly】（编辑多边形）命令分别设置房间内的墙面、地面。

（4）为框架添加命令。单击　在命令面板右侧的下拉菜单，从列表中选择【Edit Poly】（编辑多边形）命令，单击【Edge】（边）按钮，激活透视图，按键盘上的【F4】键将视图转换为【Edged Faces】（边面）显示方式。选择最左侧的上下两条边，如图 4-1-5 所示。

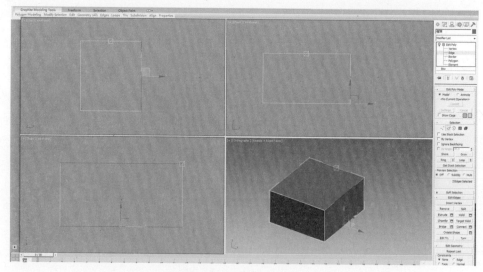

图 4-1-5　框架墙面的调节

（5）单击【Edit Edge】（编辑边）卷展栏，然后单击【Connect】（连接）栏右侧的方块按钮，在弹出的设置框中将【Segments】（片段数）设置为 2。这时我们发现在两条边中间生成了一条新线段，单击【确定】，如图 4-1-6 所示。

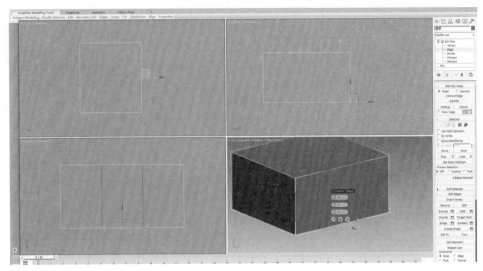

图 4-1-6　框架墙面的调节

（6）在右视图中选中新生成的两条边，右键单击 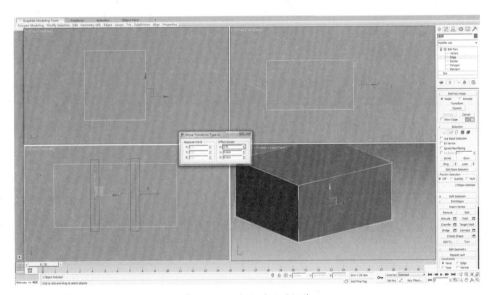 按钮，在弹出的位移对话框中，调整位移值 X 为 170cm，如图 4-1-7 所示。

图 4-1-7　框架墙面的调节

（7）打开【Edit Edge】（编辑边）卷展栏，单击【Connect】（连接）栏右侧的方块按钮，在弹出来的设置框中将【Segments】（片段数）设置为 1，单击确定，如图 4-1-8 所示。

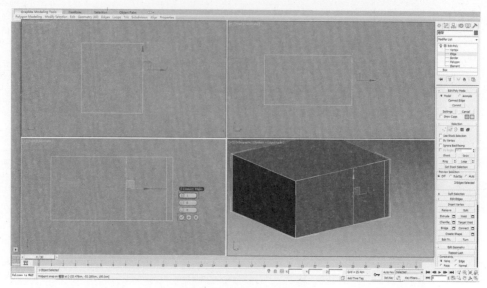

图 4-1-8　框架窗口的调节

（8）在右视图中选中新生成的这条边，右键单击 ✛ 按钮，在弹出的位移对话框中，调整位移值 Y 为 115cm，如图 4-1-9 所示。

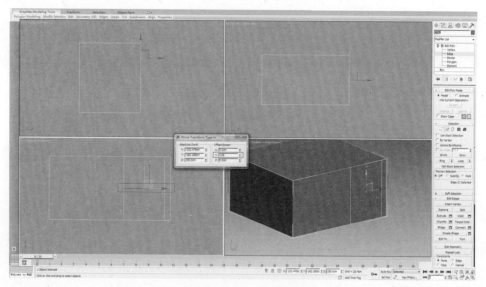

图 4-1-9　框架墙面的调节

（9）选择【Edit Poly】（编辑多边形）命令下的【Polygon】（多边形）选项，旋转透视图，选择将作为窗口位置的面，打开【Edit Polyons】（编辑多边形）卷展栏，单击【Extrude】（挤压）右侧的方块按钮，在弹出的【Extrude Polyons】（挤压多边形）命令框中设置【Extrusion Height】（挤压高度）为 20cm。单击【确定】后，按键盘上的【Delete】键将挤压出的面删除，如图 4-1-10 所示。

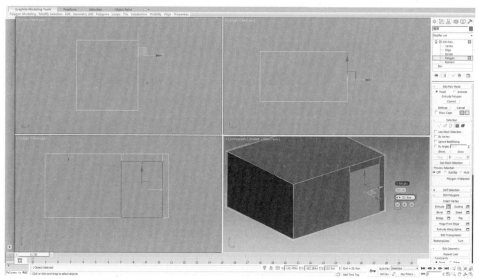

图 4-1-10　创建窗口

（10）因为在后面要导入的模型中有阳台的模型，所以这里被窗口挤压出来的面是多余的。选中下方被挤出来的这个面，按【Delete】删除掉，如图 4-1-11 所示。

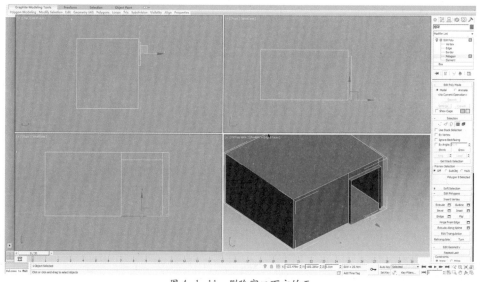

图 4-1-11　删除窗口下方的面

（11）接下来我们将"框架"模型逐一进行分解。同样用【Polygon】（多边形）命令，选中框架的底部，单击【Edit Geometry】（编辑几何体）卷展栏下的【Detach】（分离）右侧的方块按钮，在弹出来的命令框中，为分离物体命名为"地面"，如图 4-1-12 所示。

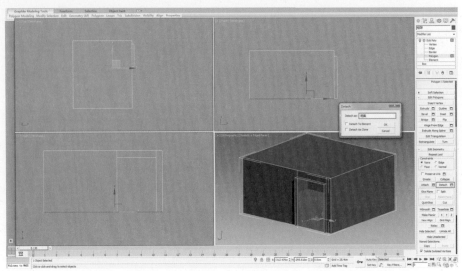

图 4-1-12　分离框架地面

4.1.2　创建相机

在创建面板中选择相机 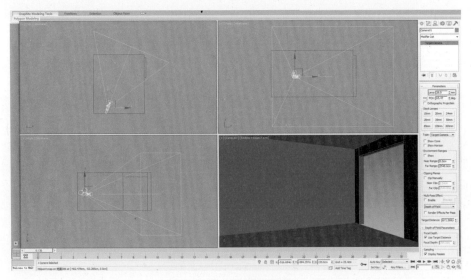，单击【Target】（目标），在场景中创建一个相机。将默认的【Lens】（镜头）值设置为 28mm，激活透视图并按住键盘上的【C】键切换至相机视图，在场景中调节其位置如图 4-1-13 所示。

图 4-1-13　为场景创建相机

技巧　在制作效果图时经常会遇到空间很小，相机角度无法满足要求的情况。在不能随意更改空间尺寸的情况下，通过设置相机剪切【Clipping Planes】就可以很方便地达到要求。但剪辑值也不宜过大，否则会导致场景中的其他模型无法正常显示。

4.1.3 创建场景中的基础模型

为挤压出来的窗洞制作一个不锈钢的包口。

（1）用创建面板下的⊙【Splines】（图形）→【Rectangle】（矩形），从窗洞的内侧左上角拖拽鼠标至底面的对角点，为其添加【Edit Spline】（编辑曲线）命令，并将其改名为"窗洞包口"，如图4-1-14所示。

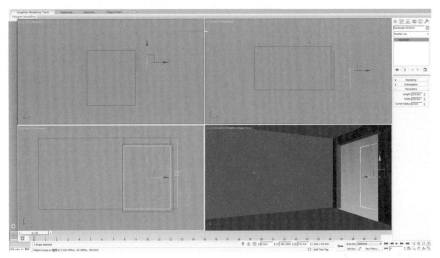

图 4-1-14　捕捉窗洞创建包口

（2）展开【Edit Spline】（编辑曲线）命令列表，点取【Segment】（线段），将矩形最下面的线段选中并删除；再选取【Spline】（曲线），在【Out line】（轮廓）文本栏中，输入轮廓值为 -8cm，最后关闭【Spline】，如图4-1-15、4-1-16所示。

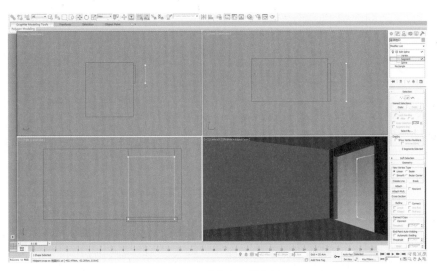

图 4-1-15　捕捉窗洞创建包口

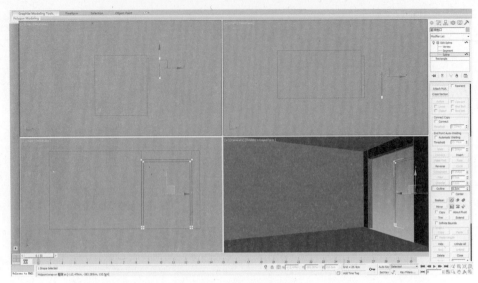

图 4-1-16 捕捉窗洞创建包口

（3）再给创建出来的二维图形添加命令【Extrude】（挤压），调节【Amount】（数量）为 30cm，并调整其位置至如图 4-1-17 所示。

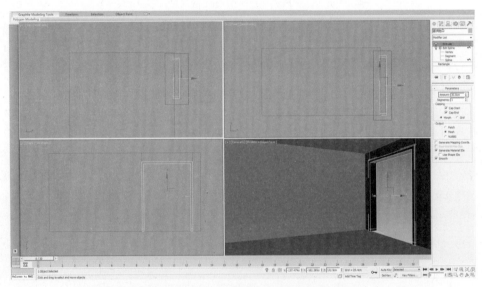

图 4-1-17 挤出窗洞包口并调整位置

接下来制作吊顶模型。

（4）选择创建面板上的【Standard Primitives】（标准几何体）→【Box】（立方体），在 Top 视图上建立一个长 50cm、宽 540cm、高 10cm 的长方体，并将其改名为"吊顶"。打开 三维捕捉命令，将模型对齐到如图 4-1-18 所示位置。

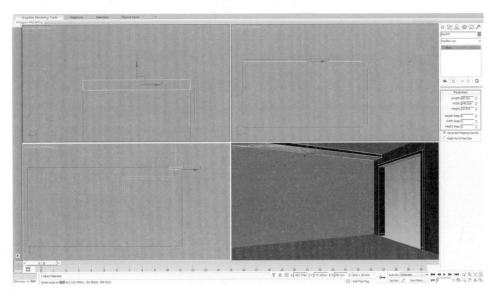

图 4-1-18　创建的吊顶

（5）在右视图中选中新创建的吊顶，右键单击 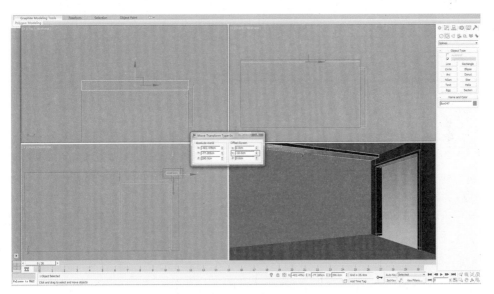 按钮，在弹出的位移对话框中，调整位移值 Y 为 –10cm，如图 4-1-19 所示。

图 4-1-19　调整吊顶位置

（6）由于吊顶后面的这面墙是沙发背景墙，有造型存在，所以要将吊顶移动离开墙面一段距离。在右视图中选中吊顶，右键单击 按钮，在弹出的位移对话框中，调整位移值 X 为 –16.5cm，如图 4-1-20 所示。

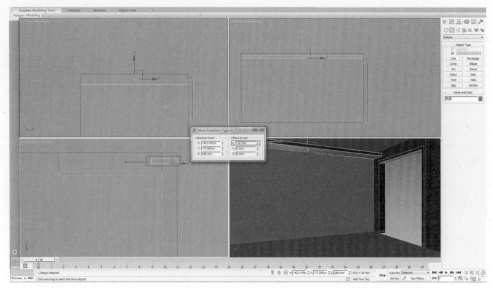

图 4-1-20　调整吊顶位置

房间内的基本模型到这里就创建完成了，接下来将本章实例所带的其他模型合并至场景中，并摆放在如图 4-1-21 所示位置。需要注意其中背景墙和阳台的位置，如图 4-1-22、4-1-23 所示。

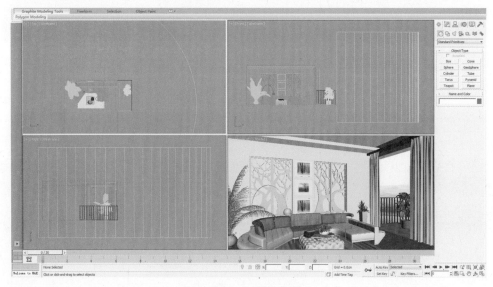

图 4-1-21　场景模型的导入

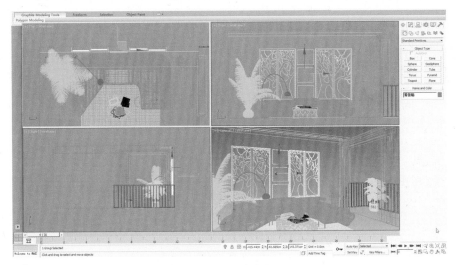

图 4-1-22　背景墙的位置

图 4-1-23　阳台的位置

由于导入的模型具有群组的性质，所以为了便于后面材质的调节，可以选中导入的模型群组并单击菜单栏上的【Group】（群组）→【Open】（打开），让模型可以单独选择。

4.2　编辑材质

首先要确认已在【Render Setup】（渲染设置）对话框中指定当前的渲染器为 VRay 渲染器。

4.2.1　编辑墙面材质

墙面材质的最终效果如图 4-2-1 所示。

图 4-2-1　墙面材质球设置后的最终效果

（1）单击主要工具栏上的  按钮（或按键盘上的【M】快捷键），打开材质编辑器，在默认情况下显示的是 3ds Max 标准材质。将材质球命名为"墙面"，单击右侧的【Standard】（标准）按钮，在弹出的贴图浏览器中选择【VRayMtl】（VR 材质）。单击【Diffuse】右侧的色块，在弹出的颜色拾取器中，调节 R、G、B 值均为 245。

（2）调节【Reflect】（反射色）的 R、G、B 值均为 15，激活【Hilight glossiness】（高光光滑），设置高光光滑值为 0.5。此设置是为了让墙面有乳胶漆光滑细腻的特性。设置【Refl. glossiness】（反射光滑）值为 0.95，使墙面稍有磨砂感；加大材质的【Subdivs】（细分）值至 16；其他数值默认即可，如图 4-2-2 所示。

图 4-2-2　材质的颜色调节、高光光滑及细分

（3）打开材质编辑器面板下面的【Options】（选项）卷展栏，取消勾选【Trace reflections】（跟踪反射），这样材质就只有高光效果而没有反射效果了，如图 4-2-3 所示。

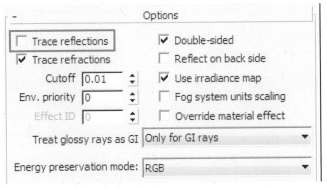

图 4-2-3　取消跟踪反射选项

（4）选择场景中的"框架"物体。为了便于调节，按住键盘上的【Alt+Q】单独显示模型，并将材质赋予它。为了便于之后调节别的材质，将调节好的使用"墙面"材质的物体隐藏掉，如图 4-2-4、图 4-2-5 所示。

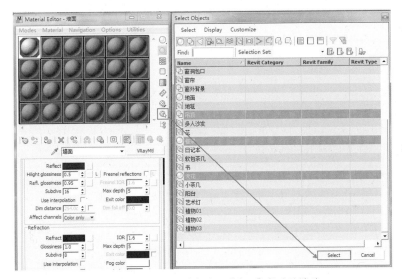

图 4-2-4　通过材质选择使用"墙面"材质的模型

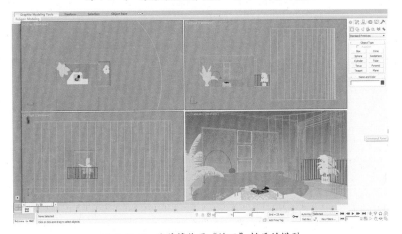

图 4-2-5　隐藏掉使用"墙面"材质的模型

4.2.2　编辑地面材质

地面材质的最终效果如图 4-2-6 所示。

图 4-2-6　地面材质球设置后的最终效果

（1）单击主要工具栏上的 按钮（或按键盘上的【M】快捷键），打开材质编辑器，选择一个新的材质球，命名为"地面"，并选择"地面"物体，赋予材质。单击右侧的【Standard】（标准）按钮，在弹出的贴图浏览器中选择【VRayMtl】（VR 材质）。单击【Diffuse】（漫射区）右侧的方块按钮，在弹出的材质 / 贴图浏览器中选择【Bitmap】（位图），然后选择本章实例下的"01005228-1-51A12.jpg"贴图。在【Coordinates】（坐标）卷展栏下调节【Blur】（模糊）值为 0.5，让木地板的材质纹理更加清晰，如图 4-2-7 所示。

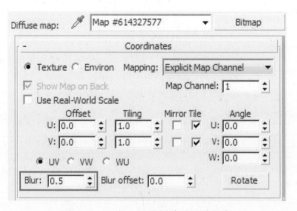

图 4-2-7　插入贴图调节贴图模糊度

（2）单击 按钮返回"地面"材质面板中，调节【Reflect】（反射色）的 R、G、B 值为 30。激活【Hilight glossiness】（高光光滑），设置高光光滑值为 0.8，设置【Refl. glossiness】（反射光滑）值为 0.85，使木地板有高光模糊和反射模糊的感觉；加大材质的【Subdivs】（细分）值，设为 20；其他数值保持默认即可，如图 4-2-8 所示。

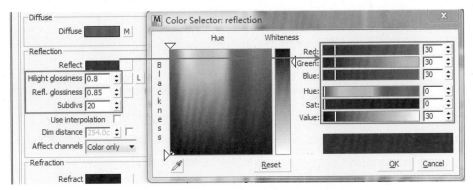

图 4-2-8 材质的高光光滑、反射光滑及细分设置

为了让材质有真实的木地板的拼缝和表面颗粒凹凸感，还需要为其添加一个凹凸设置。

（3）打开材质面板的【Map】卷展栏，将【Map】卷展栏下的【Diffuse】贴图通道按钮上的贴图直接拖拽到【Bump】（凹凸）贴图通道按钮上，并将凹凸数值调节至20。凹凸值越大，材质的凹凸感越强，但相应的渲染时间也会越长，如图4-2-9所示。

Maps			
Diffuse	100.0	✓	514327577 (01005228-1-51A12.jpg)
Roughness	100.0	✓	None
Reflect	100.0	✓	None
HGlossiness	100.0	✓	None
RGlossiness	100.0	✓	None
Fresnel IOR	100.0	✓	None
Anisotropy	100.0	✓	None
An. rotation	100.0	✓	None
Refract	100.0	✓	None
Glossiness	100.0	✓	None
IOR	100.0	✓	None
Translucent	100.0	✓	None
Bump	30.0	✓	514327582 (01005228-1-51A12.jpg)
Displace	100.0	✓	None
Opacity	100.0	✓	None
Environment		✓	None

图 4-2-9 复制贴图

（4）将"地面"物体选中，由于是从框架中分离出来的模型，故贴图不会正常显示，需要添加一个【UVW Mapping】（指定贴图坐标）命令。添加后贴图虽然显示了，但并不是实际的木地板尺寸，所以要在编辑面板将【UVWmap】参数里面的 Length 和 Width 值改为 120cm 和 120cm，这样木地板的尺寸就符合现实了，如图 4-2-10 所示。

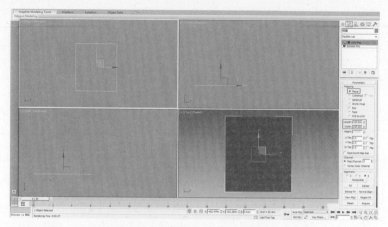

图 4-2-10　为地面材质指定贴图坐标

（5）点击材质编辑器面板中的通过材质选择物体按钮 🖱️，在弹出的选择对话框点击【Select】，选中场景中包含"地面"材质的所有模型。为了便于之后调节别的材质，将调节好的使用"地面"材质的物体隐藏，如图 4-2-11、图 4-2-12 所示。

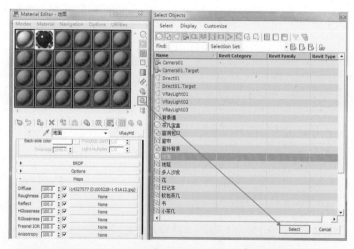

图 4-2-11　通过材质选择使用"地面"材质的模型

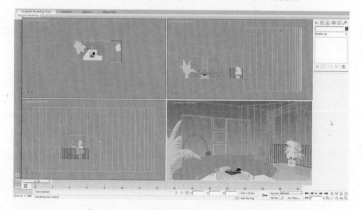

图 4-2-12　隐藏使用"地面"材质的模型

4.2.3　编辑背景墙材质

在调节"背景墙"模型材质之前，选中"背景墙"群组，点击菜单栏【Group】（群组）下的【Ungroup】按钮，将其解组。

1. 编辑背景墙的白色烤漆材质

白色烤漆材质的最终效果如图 4-2-13 所示。

图 4-2-13　白色烤漆材质设置后的最终效果

（1）单击主要工具栏上的█按钮（或按键盘上的【M】快捷键），打开材质编辑器。选中一个未使用的材质球，将当前视图切换为实体显示模式，使用 ✐ 吸管工具，在当前视图中点击"背景墙"物体，将"白色烤漆"材质吸取到材质编辑器中，如图 4-2-14 所示。单击右侧的【Standard】（标准）按钮，在弹出的贴图浏览器中选择【VRayMtl】（VR 材质）。单击【Diffuse】右侧的色块，在弹出的颜色拾取器中，调节 R、G、B 值均为 240。如图 4-2-14 所示。

图 4-2-14　要吸取的"白色烤漆"材质

（2）单击█按钮返回"白色烤漆"材质面板中，调节【Reflect】（反射色）的 R、G、B 值为 20。激活【Hilight glossiness】（高光光滑），设置高光光滑值为 0.65，设置【Refl. glossiness】（反射光滑）值为 0.85，让背景墙的烤漆有高光模糊和反射模糊的感觉。加大材质的【Subdivs】（细分）值，设为 12。其他数值使用默认值即可，如图 4-2-15 所示。

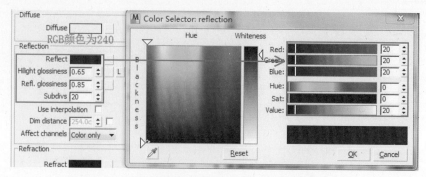

图 4-2-15　材质的高光光滑、反射光滑及细分设置

（3）点击材质编辑器面板中的通过材质选择物体按钮，在弹出的选择对话框点击【Select】，选中场景中包含"白色烤漆"材质的所有模型。为了便于之后调节别的材质，将调节好的使用"白色烤漆"材质的物体隐藏，如图 4-2-16、图 4-2-17 所示。

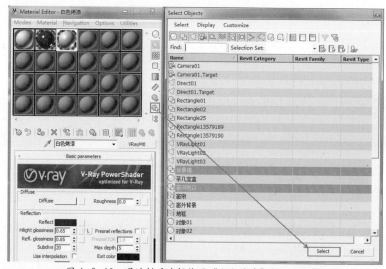

图 4-2-16　通过材质选择使用"白色烤漆"材质的模型

图 4-2-17　隐藏使用"白色烤漆"材质的模型

2. 编辑背景墙上的装饰造型材质

装饰材质的最终效果如图4-2-18所示。

图4-2-18 装饰材质球设置后的最终效果

（1）单击主要工具栏上的 按钮（或按键盘上的【M】快捷键），打开材质编辑器。选中一个未使用的材质球，将当前视图切换为实体显示模式，使用 吸管工具，在当前视图中将"装饰"材质吸取到材质编辑器中，如图4-2-19所示。单击右侧的【Standard】（标准）按钮，在弹出的贴图浏览器中选择【VRayMtl】（VR材质）。单击【Diffuse】右侧的色块，在弹出的颜色拾取器中，调节R、G、B值为220。

图4-2-19 要吸取的"装饰"材质

（2）单击 按钮返回"装饰"材质面板中，调节【Reflect】（反射色）的R、G、B值为20，激活【Hilight glossiness】（高光光滑），设置高光光滑值为0.8，设置【Refl. glossiness】（反射光滑）值为0.8，让装饰的表面有高光模糊和反射模糊的感觉；加大材质的【Subdivs】（细分）值，设为12。其他数值使用默认值即可，如图4-2-20所示。

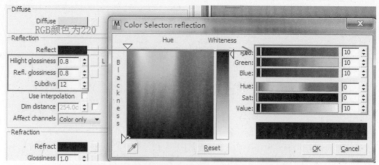

图 4-2-20　材质的高光光滑、反射光滑及细分设置

（3）点击材质编辑器面板中的通过材质选择物体按钮，在弹出的选择对话框点击【Select】，选中场景中包含"装饰"材质的所有模型。为了便于之后调节别的材质，将调节好的使用"装饰"材质的物体隐藏，如图 4-2-21、4-2-22所示。

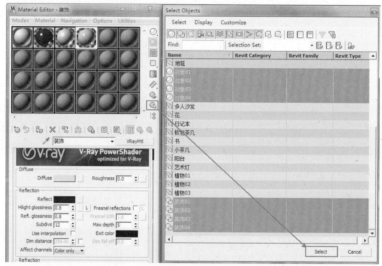

图 4-2-21　通过材质选择使用"装饰"材质的模型

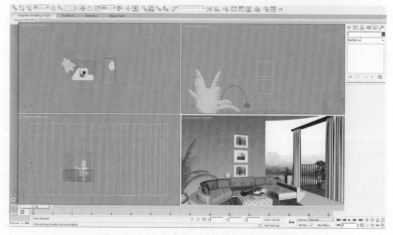

图 4-2-22　隐藏使用"装饰"材质的模型

3.编辑装饰画材质

本场景一共有三幅装饰画，分别是"画01""画02"和"画03"。材质的设置非常简单，只需要为其添加贴图即可。三幅画的材质设置采用同样的步骤，在此用画01的材质调节为例进行说明。

"画01"材质的最终效果如图4-2-23所示。

图4-2-23 "画01"材质球设置后的最终效果

（1）单击主要工具栏上的 按钮（或按键盘上的【M】快捷键），打开材质编辑器。选中一个未使用的材质球，将当前视图切换为实体显示模式，使用 吸管工具，在当前视图中将"画01"材质吸取到材质编辑器中。单击右侧的【Standard】（标准）按钮，在弹出的贴图浏览器中选择【VRayMtl】（VR材质），单击【Diffuse】（漫射区）右侧的方块按钮，在弹出的材质/贴图浏览器中选择【Bitmap】（位图），然后选择本章实例下的"archinteriors_12_09_pf.jpg"贴图，如图4-2-24所示。

-				Maps
Diffuse	100.0	↕	✔	!27560 (archinteriors_12_09_pf.jpg)
Roughness	100.0	↕	✔	None
Reflect	100.0	↕	✔	None
HGlossiness	100.0	↕	✔	None
RGlossiness	100.0	↕	✔	None
Fresnel IOR	100.0	↕	✔	None
Anisotropy	100.0	↕	✔	None
An. rotation	100.0	↕	✔	None
Refract	100.0	↕	✔	None
Glossiness	100.0	↕	✔	None
IOR	100.0	↕	✔	None
Translucent	100.0	↕	✔	None
Bump	30.0	↕	✔	None
Displace	100.0	↕	✔	None
Opacity	100.0	↕	✔	None

图4-2-24 插入贴图

（2）用同样的方式将画02、画03物体分别贴上"04.jpg""archinteriors_12_09_pf.jpg"贴图，如图4-2-25所示。

图 4-2-25　贴好贴图的装饰画

（3）选中这三个装饰画物体，将其隐藏，如图 4-2-26 所示。

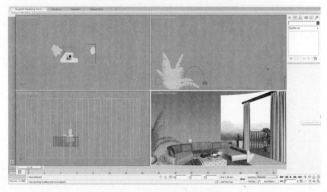

图 4-2-26　隐藏使用装饰画的模型

4.2.4　制作地毯材质

地毯材质的最终效果如图 4-2-27 所示。

图 4-2-27　地毯材质球设置后的最终效果

（1）单击主要工具栏上的 按钮（或按键盘上的【M】快捷键），打开材质编辑器。选中一个未使用的材质球，将当前视图切换为实体显示模式，使用 吸管工具，在当前视图中将"地毯"材质吸取到材质编辑器中。单击右侧的【Standard】（标准）按钮，在弹出的贴图浏览器中选择【VRayMtl】（VR 材质），单击【Diffuse】（漫射区）右侧的方块按钮，在弹出的材质／贴图浏览器中选择【Bitmap】（位图），然后选择本章实例下的"83a0452b656dfd185243c120.jpg"贴图，如图4-2-28所示。

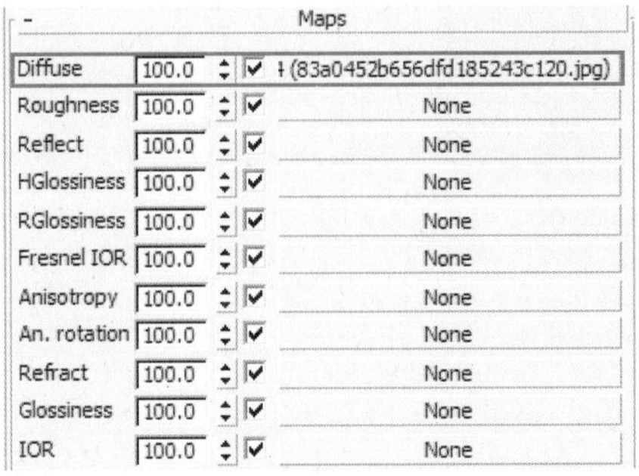

图 4-2-28　插入贴图

为了让材质有真实的地毯凹凸感，还需要为其添加一个凹凸设置。

（2）打开材质面板的【Map】卷展栏，将【Map】卷展栏下的【Diffuse】贴图通道按钮上的贴图直接拖拽到【Bump】（凹凸）贴图通道按钮上，并将凹凸数值调节至200，如图4-2-29所示。

（3）将"地毯"物体选中，添加一个【UVW Mapping】（指定贴图坐标）命令。这时候贴图虽然显示了，但是尺寸并不恰当，所以要在编辑面板将【UVWmap】参数里面的Length、Width、Height值改为300cm、400cm、2.5cm，这样地毯的尺寸就比较合适了，如图4-2-30所示。

图 4-2-29　复制贴图

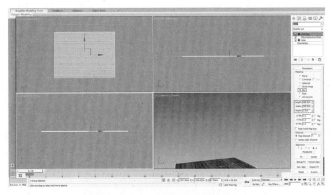

图 4-2-30　为地毯材质指定贴图坐标

（4）点击材质编辑器面板中的通过材质选择物体按钮，在弹出的选择对话框点击【Select】，选中场景中包含"地毯"材质的所有模型。为了便于之后调节别的材质，将调节好的使用"地毯"材质的物体隐藏，如图 4-2-31、4-2-32 所示。

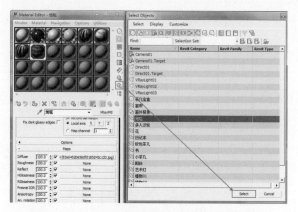

图 4-2-31　通过材质选择使用"地毯"材质的模型

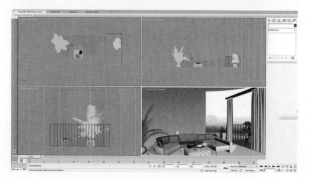

图 4-2-32　隐藏使用"地毯"材质的模型

4.2.5　编辑沙发材质

编辑沙发材质之前要将"多人沙发"物体解组。

1. 编辑"绒布"材质

绒布材质的最终效果如图 4-2-33 所示。

图 4-2-33　绒布材质球设置后的最终效果

织物的表现方式可谓多种多样，好的表现可以让整个画面看起来更柔和自然。

（1）单击主要工具栏上的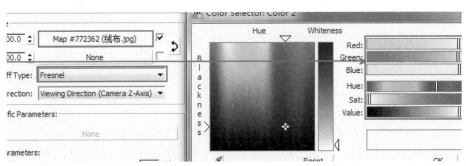按钮（或按键盘上的【M】快捷键），打开材质编辑器。选中一个未使用的材质球，将当前视图切换为实体显示模式，使用吸管工具，在当前视图中将"绒布"材质吸取到材质编辑器中。单击右侧的【Standard】（标准）按钮，在弹出的贴图浏览器中选择【VRayMtl】（VR 材质）。单击【Diffuse】（漫反射）右侧的色块，在弹出的颜色拾取器中选择【Falloff】（衰减）。点击前景色右侧的贴图通道按钮，在弹出的材质 / 贴图浏览器中选择【Bitmap】（位图），然后选择本章实例下的"绒布 .jpg"贴图；设置侧景色的 R、G、B 值为 243、242、245，H、S、V 值为 184、3、245。将【Falloff Type】（衰减类型）选择为 Fresnel（菲涅尔），如图 4-2-34 所示。

图 4-2-34　材质的衰减设置英文界面

（2）单击按钮返回基本参数栏，设置【Reflect】（反射色）的 R、G、B 值为 15。激活【Hilight glossiness】（高光光滑），设置高光光滑值为 0.55，设置【Refl. glossiness】（反射光滑）值为 0.6，如图 4-2-35 所示。

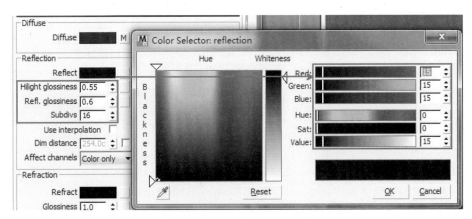

图 4-2-35　材质的反射、高光光滑、反射光滑设置

（3）打开材质编辑器面板下面的【Options】（选项）卷展栏，取消选中【Trace reflections】（跟踪反射），这样材质就只有高光效果而没有反射效果了，如图 4-2-36 所示。

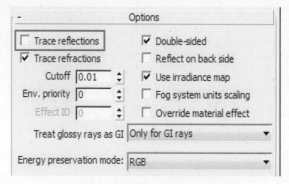

图 4-2-36　取消跟踪反射选项

为了让材质有真实布料的颗粒凹凸感，还需要为其添加一个凹凸设置。

（4）打开材质面板的【Map】卷展栏，点击【Map】卷展栏下的【Bump】（凹凸）贴图通道按钮，在弹出的材质/贴图浏览器中选择【Noise】（噪波）程序贴图。在【Noise Parameters】（噪波参数）卷展栏下，将【Noise type】（噪波类型）选择为【Fractal】（分型），将【Size】（噪波大小）值改为0.1，如图4-2-37所示。

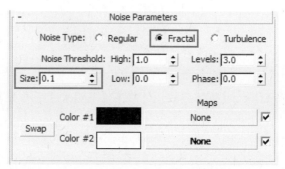

图 4-2-37　凹凸通道加入 Noise 程序贴图并进行设置

（5）单击 🔳 按钮返回"绒布"材质面板中，在【Map】卷展栏下将凹凸通道数值调节至16，如图4-2-38所示。

Diffuse	100.0	✓	Map #3 (Falloff)	
Roughness	100.0	✓	None	
Reflect	100.0	✓	None	
HGlossiness	100.0	✓	None	
RGlossiness	100.0	✓	None	
Fresnel IOR	100.0	✓	None	
Anisotropy	100.0	✓	None	
An. rotation	100.0	✓	None	
Refract	100.0	✓	None	
Glossiness	100.0	✓	None	
IOR	100.0	✓	None	
Translucent	100.0	✓	None	
Bump	16.0	✓	Map #8 (Noise)	
Displace	100.0	✓	None	
Opacity	100.0	✓	None	
Environment		✓	None	

图 4-2-38　调节凹凸强度

（6）点击材质编辑器面板中的通过材质选择物体按钮，在弹出的选择对话框点击【Select】，选中场景中包含"绒布"材质的所有模型。为了便于之后方便调节别的材质，将调节好的使用"绒布"材质的物体隐藏，如图4-2-39、图4-2-40所示。

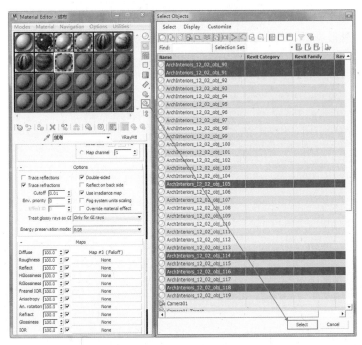

图4-2-39　通过材质选择使用"绒布"材质的模型

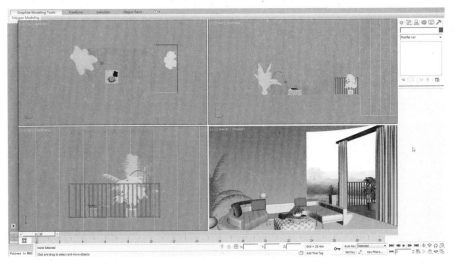

图4-2-40　隐藏使用"绒布"材质的模型

2. 编辑"红色抱枕"材质

红色抱枕材质的最终效果如图4-2-41所示。

图 4-2-41　红色抱枕材质球设置后的最终效果

（1）单击主要工具栏上的 ⊞ 按钮（或按键盘上的【M】快捷键），打开材质编辑器。选中一个未使用的材质球，将当前视图切换为实体显示模式，使用 🗹 吸管工具，在当前视图中将"红色抱枕"材质吸取到材质编辑器中。单击右侧的【Standard】（标准）按钮，在弹出的贴图浏览器中选择【VRayMtl】（VR材质）。单击【Diffuse】（漫反射）右侧的色块，在弹出的颜色拾取器中选择【Falloff】（衰减），设置前景色的 R、G、B 值为 121、6、6，H、S、V 值为 255、242、121；设置侧景色的 R、G、B 值为 255、222、222，H、S、V 值为 255、33、255。将【Falloff Type】（衰减类型）选择为【Fresnel】（菲涅尔），如图 4-2-42、4-2-43 所示。

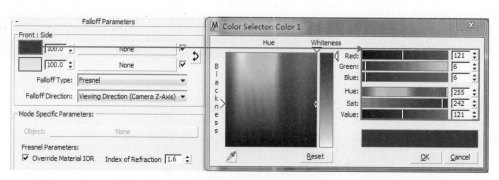

图 4-2-42　前景色的设置

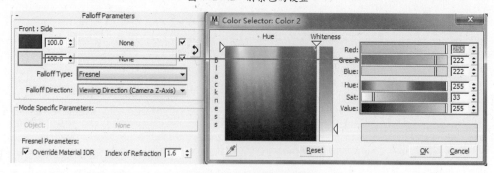

图 4-2-43　侧景色的设置

（2）单击 ⊞ 按钮返回基本参数栏，设置【Reflect】（反射色）的 R、G、B 值为 10。激活【Hilight glossiness】（高光光滑），设置高光光滑值为 0.55，设置【Refl. glossiness】（反射光滑）值为 0.6。勾选【Fresnel reflections】（菲涅耳反射），得

到一个柔和的反射效果，调节【Fresnel IOR】（菲涅耳 IOR）值为 2.0，如图 4-2-44 所示。

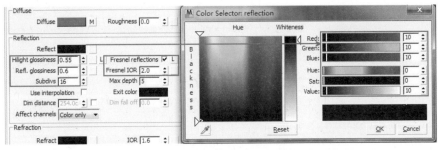

图 4-2-44 材质的反射、高光光滑、反射光滑设置

（3）打开材质编辑器面板下面的【Options】（选项）卷展栏，取消选中【Trace reflections】（跟踪反射），这样材质就只有高光效果而没有反射效果了，如图 4-2-45 所示。

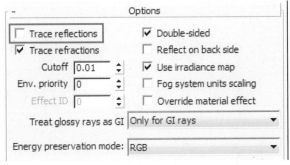

图 4-2-45 取消跟踪反射选项

为了让材质有真实布料的颗粒凹凸感，还需要为其添加一个凹凸设置。

（4）打开材质面板的【Map】卷展栏，点击【Map】卷展栏下的【Bump】（凹凸）贴图通道按钮，在弹出的材质/贴图浏览器中选择【Noise】（噪波）程序贴图。在【Noise Parameters】（噪波参数）卷展栏下，将【Noise type】（噪波类型）选择为【Fractal】（分型），将【Size】（噪波大小）值改为 1，如图 4-2-46 所示。

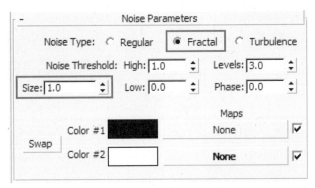

图 4-2-46 凹凸通道加入 Noise 程序贴图并进行设置

（5）单击  按钮返回"绒布"材质面板中，在【Map】卷展栏下将凹凸通道数值调节至20，如图4-2-47所示。

图4-2-47 调节凹凸强度

（6）点击材质编辑器面板中的通过材质选择物体按钮，在弹出的选择对话框点击【Select】，选中场景中包含"红色抱枕"材质的所有模型。为了便于之后调节别的材质，将调节好的使用"红色抱枕"材质的物体隐藏，如图4-2-48、4-2-49所示。

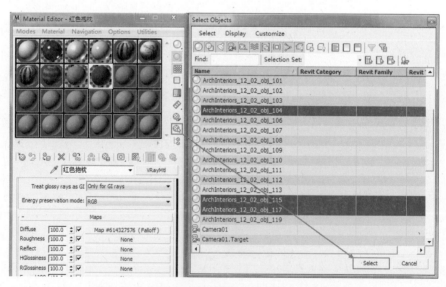

图4-2-48 通过材质选择使用"红色抱枕"材质的模型

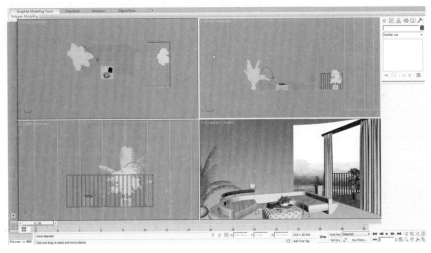

图 4-2-49　隐藏使用"红色抱枕"材质的模型

3. 编辑"白色皮革"材质

白色皮革材质的最终效果如图 4-2-50 所示。

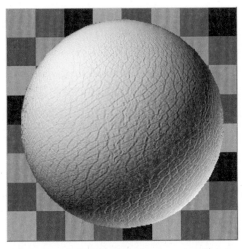

图 4-2-50　白色皮革材质球设置后的最终效果

（1）单击主要工具栏上的█按钮（或按键盘上的【M】快捷键），打开材质编辑器。选中一个未使用的材质球，将当前视图切换为实体显示模式，使用▨吸管工具，在当前视图中从沙发上将"白色皮革"材质吸取到材质编辑器中，如图 4-2-51 所示。单击右侧的【Standard】（标准）按钮，在弹出的贴图浏览器中选择【VRayMtl】（VR 材质）。单击【Diffuse】（漫反射）右侧的色块，在弹出的颜色拾取器中选择【Falloff】（衰减），设置前景色右侧的 R、G、B 值为 235、233、227，H、S、V 值为 32、9、235；设置侧景色的 R、G、B 值为 245、245、245，H、S、V 值为 0、0、245。将【Falloff Type】（衰减类型）选择为【Fresnel】（菲涅尔），如图 4-2-52 和图 4-2-53 所示。

图 4-2-51　要吸取的"白色皮革"材质

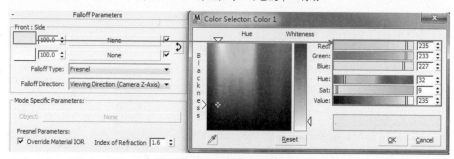

图 4-2-52　前景色的设置

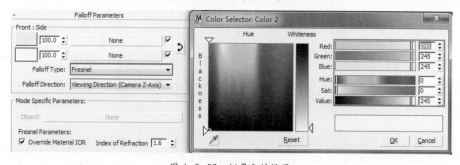

图 4-2-53　侧景色的设置

（2）单击 按钮返回基本参数栏，单击【Reflect】（反射）色块右侧的通道按钮，在弹出的材质/贴图浏览器中选择【Falloff】（衰减），设置前景色的 R、G、B值为25、25、25，H、S、V 值为0、0、25；设置侧景色的 R、G、B 值为170、170、170，H、S、V 值为0、0、170。将【Falloff Type】（衰减类型）选择为【Fresnel】（菲涅尔），如图 4-2-54 所示。激活【Hilight glossiness】（高光光滑），设置高光光滑值为0.5，设置【Refl. glossiness】（反射光滑）值为0.8，设置材质的【Subdivs】（细分）值为16。勾选【Fresnel reflections】（菲涅耳反射），得到一个柔和的反射效果。调节【Fresnel IOR】（菲涅耳 IOR）值为2.0，如图 4-2-55 所示。

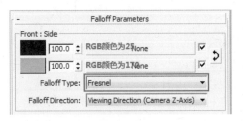

图 4-2-54　反射通道 Falloff 贴图设置

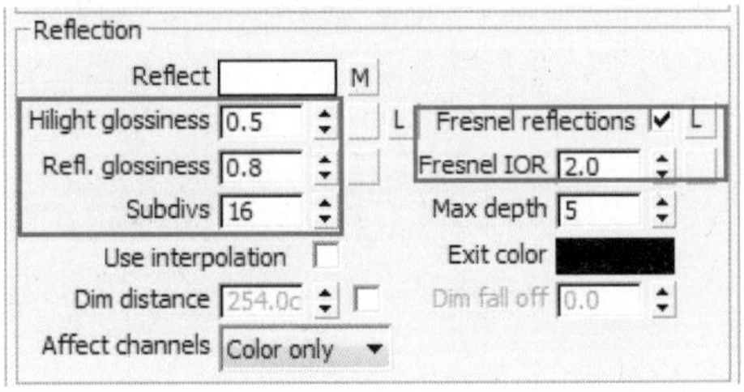

图 4-2-55　反射设置

为了让材质有真实皮革的凹凸感，还需要为其添加一个凹凸贴图。

（3）打开材质面板的【Map】卷展栏，点击【Map】卷展栏下的【Bump】（凹凸）贴图通道按钮，在弹出的材质/贴图浏览器中选择【Bitmap】（位图），选择本章实例下的"Arch49_leather_bump.jpg"贴图。在【Map】卷展栏下将凹凸通道数值调节至 20，如图 4-2-56 所示。

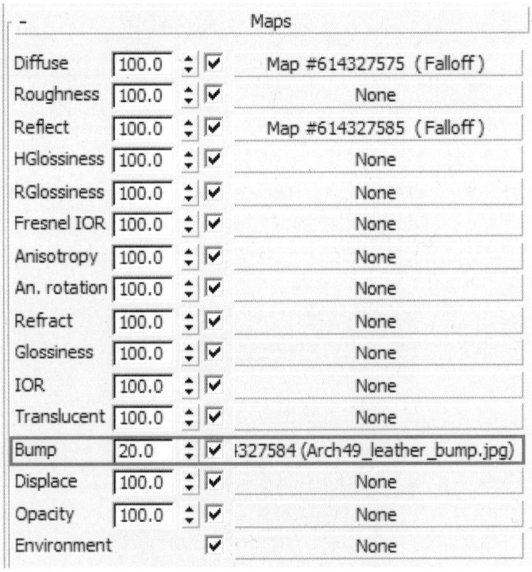

图 4-2-56　凹凸通道加入贴图

（4）点击材质编辑器面板中的通过材质选择物体按钮，在弹出的选择对话框点击【Select】，选中场景中包含"白色皮革"材质的所有模型。为了便于之后调节别的材质，将调节好的使用"白色皮革"材质的物体隐藏，如图 4-2-57、图 4-2-58 所示。

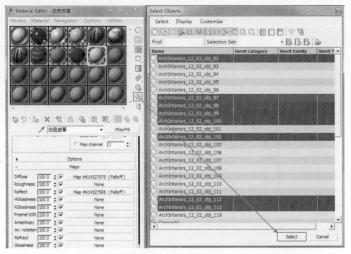

图 4-2-57　通过材质选择使用"白色皮革"材质的模型

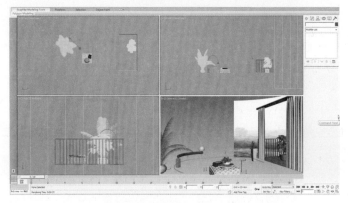

图 4-2-58　隐藏使用"白色皮革"材质的模型

4. 编辑"黑色皮革"材质

黑色皮革材质的最终效果如图 4-2-59 所示。

图 4-2-59　黑色皮革材质球设置后的最终效果

（1）单击主要工具栏上的 按钮（或按键盘上的【M】快捷键），打开材质编辑器。选中一个未使用的材质球，将当前视图切换为实体显示模式，使用 吸管工具，在当前视图中从沙发上将"白色皮革"材质吸取到材质编辑器中，如图

4-2-60 所示。单击右侧的【Standard】（标准）按钮，在弹出的贴图浏览器中选择【VRayMtl】（VR 材质）。单击【Diffuse】（漫反射）右侧的色块，在弹出的颜色拾取器中选择【Falloff】（衰减），设置前景色的 R、G、B 值为 45、43、41，H、S、V 值为 21、23、45；设置侧景色的 R、G、B 值为 117、111、106，H、S、V 值为 19、24、117。将【Falloff Type】（衰减类型）选择为【Fresnel】（菲涅尔），如图 4-2-61 和图 4-2-62 所示。

图 4-2-60 要吸取的"黑色皮革"材质

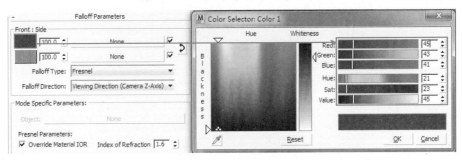

图 4-2-61 前景色的设置

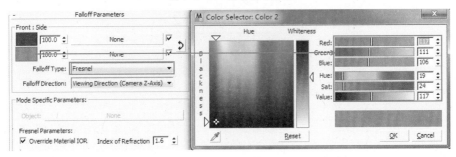

图 4-2-62 侧景色的设置

（2）剩下的反射设置与凹凸设置可以参照"白色皮革"的设置方法完成。设置完毕后将使用"黑色皮革"的模型选中并隐藏，如图 4-2-63 所示。

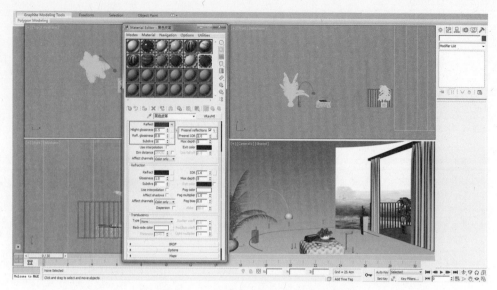

图 4-2-63　隐藏使用"黑色皮革"材质的模型

5.编辑"不锈钢"材质

不锈钢材质的最终效果如图4-2-64所示。

图 4-2-64　不锈钢材质球设置后的最终效果

（1）单击主要工具栏上的 按钮（或按键盘上的【M】快捷键），打开材质编辑器。选中一个未使用的材质球，将当前视图切换为实体显示模式，使用 ✎ 吸管工具，在当前视图中将"不锈钢"材质吸取到材质编辑器中，如图4-2-65所示。单击右侧的【Standard】（标准）按钮，在弹出的贴图浏览器中选择【VRayMtl】（VR 材质）。单击 Diffuse 右侧的色块，在弹出的颜色拾取器中，调节 R、G、B 值分别为 116、124、128，H、S、V 值分别为 142、24、128，如图4-2-66所示。

图 4-2-65 要吸取的"不锈钢"材质

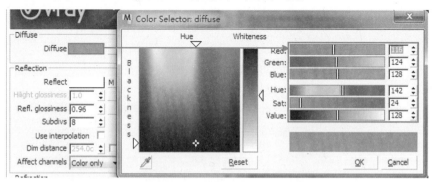

图 4-2-66 "不锈钢"材质固有色设置

（2）单击 按钮返回基本参数栏，单击【Reflect】（反射）色块右侧的通道按钮，在弹出的材质/贴图浏览器中选择【Falloff】（衰减）。设置前景色的 R、G、B 值为 15、15、15，H、S、V 值为 0、0、15；设置侧景色的 R、G、B 值为 200、200、200，H、S、V 值为 0、0、200。将【Falloff Type】（衰减类型）选择为【Perpendicular/Parallel】，如图 4-2-67 所示。

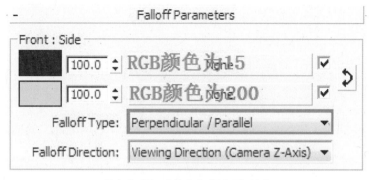

图 4-2-67 反射通道【Falloff】设置

（3）单击 按钮返回基本参数栏，设置【Refl. glossiness】反射光滑）值为 0.96，如图 4-2-68 所示。

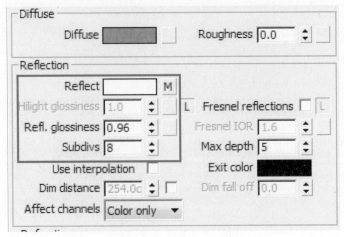
图 4-2-68 材质反射设置

（4）点击材质编辑器面板中的通过材质选择物体按钮，在弹出的选择对话框点击【Select】，选中场景中包含"不锈钢"材质的所有模型。为了便于之后调节别的材质，将调节好的使用"不锈钢"材质的物体隐藏，如图 4-2-69、图 4-2-70 所示。

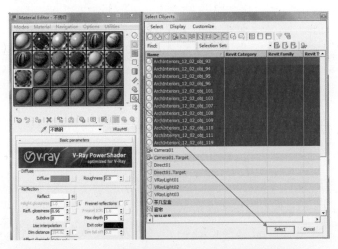
图 4-2-69 通过材质选择使用"不锈钢"材质的模型

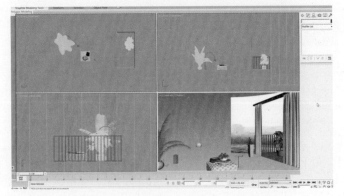
图 4-2-70 隐藏使用"不锈钢"材质的模型

4.2.6 编辑窗帘模型

在编辑"窗帘"模型材质之前，先选中"窗帘"群组，点击菜单栏【Group】（群组）下的【Ungroup】按钮将其解组。

1. 编辑窗帘的窗帘布材质

窗帘布材质的最终效果如图 4-2-71 所示。

图 4-2-71　窗帘布材质设置后的最终效果

（1）单击主要工具栏上的 按钮（或按键盘上的【M】快捷键），打开材质编辑器。选中一个未使用的材质球，将当前视图切换为实体显示模式，使用 吸管工具，在当前视图中将"窗帘布"材质吸取到材质编辑器中，如图 4-2-72 所示。单击右侧的【Standard】（标准）按钮，在弹出的贴图浏览器中选择【VRayMtl】（VR 材质）。单击【Diffuse】右侧的色块，在弹出的颜色拾取器中，调节 R、G、B 值分别为 227、239、210，H、S、V 值分别为 60、31、239，如图 4-2-73 所示。

图 4-2-72　要吸取的"窗帘布"材质

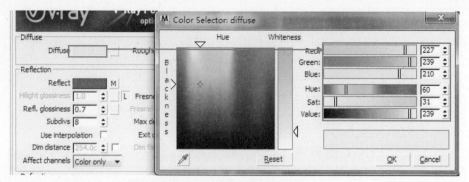

图 4-2-73　窗帘布的颜色设置

（2）单击【Reflect】（反射）色块右侧的通道按钮，在弹出的材质/贴图浏览器中选择【Falloff】（衰减），设置前景色的 R、G、B 值为默认的黑色不变；设置侧景色的 R、G、B 值为 50、50、50，H、S、V 值为 0、0、50。将【Falloff Type】（衰减类型）选择为【Fresnel】（菲涅尔），如图 4-2-74 所示。

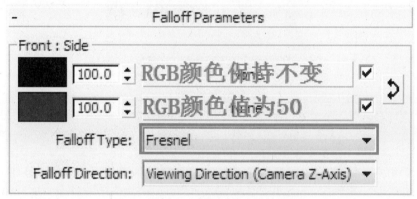

图 4-2-74　反射通道【Falloff】设置

（3）单击 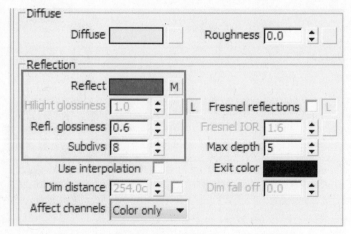 按钮返回基本参数栏，设置【Refl. glossiness】（反射光滑）值为 0.6，如图 4-2-75 所示。

图 4-2-75　材质的反射、高光光滑、反射光滑设置

（4）选中"窗帘布"模型，将其隐藏，如图4-2-76所示。

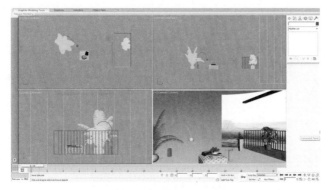

图4-2-76　隐藏窗帘布模型

2. 编辑窗帘的窗帘盒材质

选中"窗帘盒"物体，将之前调好的"白色烤漆"材质赋予即可。赋予材质之后即可将其隐藏，如图4-2-77所示。

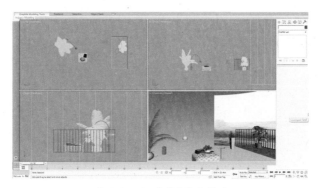

图4-2-77　隐藏窗帘盒模型

4.2.7　编辑软包茶几模型

选中"软包茶几"物体，将之前调好的"白色皮革"材质赋予即可。赋予材质之后即可将其隐藏，如图4-2-78所示。

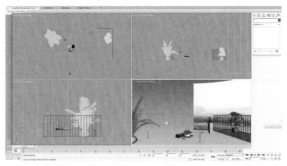

4-2-78　隐藏软包茶几模型

4.2.8　编辑不锈钢灯具模型

灯具不锈钢材质的最终效果如图4-2-79所示。

图4-2-79　灯具不锈钢材质球设置后的最终效果

（1）单击主要工具栏上的 按钮（或按键盘上的【M】快捷键），打开材质编辑器。选中一个未使用的材质球，将当前视图切换为实体显示模式，使用 吸管工具，在当前视图中将"不锈钢灯具"材质吸取到材质编辑器中，如图4-2-80所示。单击右侧的【Standard】（标准）按钮，在弹出的贴图浏览器中选择【VRayMtl】（VR材质）。单击【Diffuse】右侧的色块，在弹出的颜色拾取器中，调节R、G、B值分别为207、213、215，H、S、V值分别为138、9、215，如图4-2-81所示。

图4-2-80　要吸取的"灯具不锈钢"材质

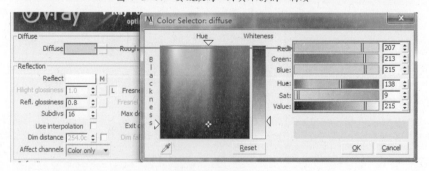

图4-2-81　"灯具不锈钢"材质固有色设置

（2）单击 ❀ 按钮返回基本参数栏，然后单击【Reflect】（反射）色块右侧的通道按钮，在弹出的材质/贴图浏览器中选择【Falloff】（衰减），设置前景色的 R、G、B 值为 25、25、25，H、S、V 值为 0、0、25；设置侧景色的 R、G、B 值为 215、215、215，H、S、V 值为 0、0、215。将【Falloff Type】（衰减类型）选择为【Perpendicular/Parallel】，如图 4-2-82 所示。

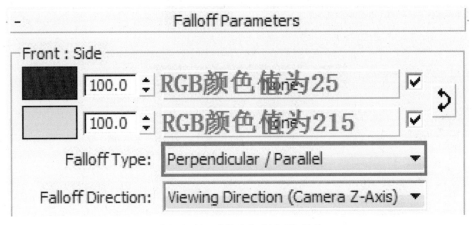

图 4-2-82　反射通道【Falloff】设置

（3）单击 ❀ 按钮返回基本参数栏，设置【Refl. glossiness】（反射光滑）值为 0.98，如图 4-2-83 所示。

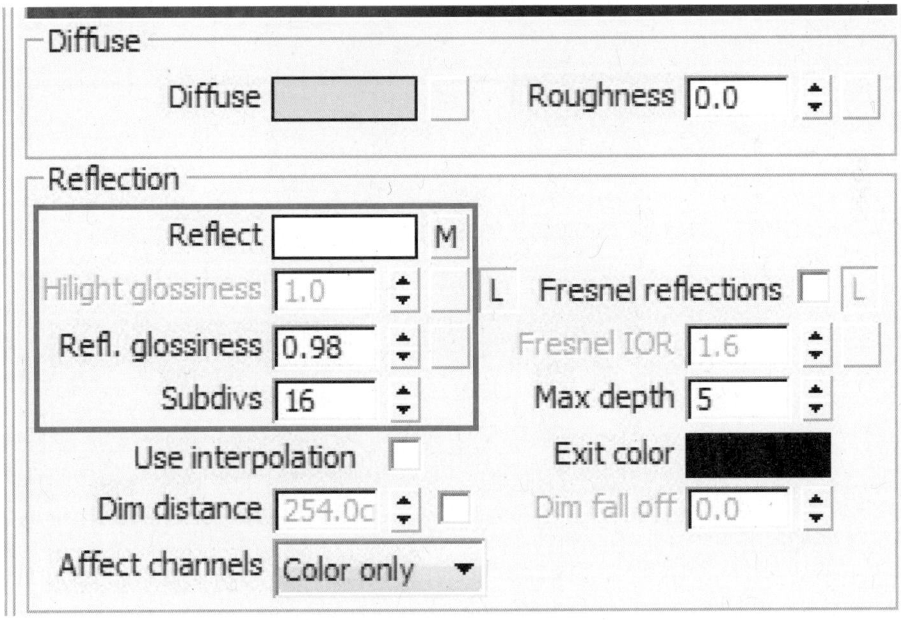

图 4-2-83　材质反射设置

（4）选中"艺术灯具"物体，将其隐藏，如图 4-2-84 所示。

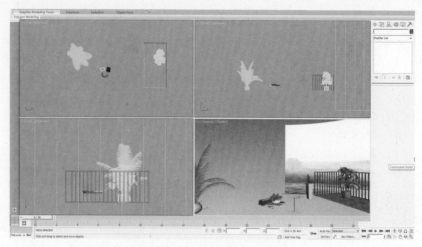

图 4-2-84 隐藏"艺术灯具"模型

4.2.9 编辑阳台模型

编辑阳台材质之前要将"阳台"物体解组。

1. 制作阳台地面材质

阳台地面材质的最终效果如图 4-2-85 所示。

图 4-2-85 阳台地面材质球设置后的最终效果

（1）单击主要工具栏上的██按钮（或按键盘上的【M】快捷键），打开材质编辑器。选中一个未使用的材质球，将当前视图切换为实体显示模式，使用██吸管工具，在当前视图中点击"阳台地面"物体，将"阳台地面"材质吸取到材质编辑器中，如图 4-2-86 所示。由于阳台地面材质离照相机比较远，所以无须进行过细的调节，直接使用【Standard】（标准）材质即可。单击【Diffuse】（漫射区）右侧的方块按钮，在弹出的材质/贴图浏览器中选择【Bitmap】（位图），然后选择本章实例下的"archinteriors_vol6_003_balcony_floor.jpg"贴图,将【Specular Highlights】（高光）里面的【Specular Level】（高光等级）值改为 15，【Glossiness】（光泽度）值改为 20，如图 4-2-87 所示。

图 4-2-86 要吸取的"阳台地面"材质

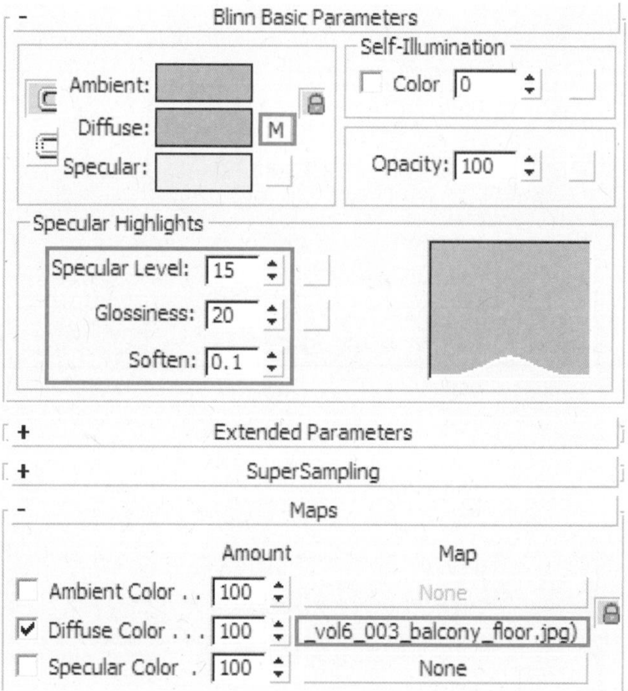

图 4-2-87 "阳台地面"材质加入贴图

为了让材质有真实木地板的拼缝和表面颗粒凹凸感，还需要为其添加一个凹凸贴图。

（2）打开材质面板的【Map】卷展栏，点击【Map】卷展栏下的【Bump】贴图通道按钮，在弹出的材质/贴图浏览器中选择【Bitmap】（位图），然后选择本章实例下的"archinteriors_vol6_003_balcony_floor_bump.jpg"贴图，如图 4-2-88 所示。

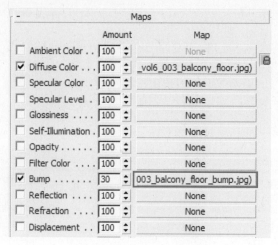

图 4-2-88　加入凹凸贴图

（3）将"阳台地面"物体选中。由于是从框架中分离出来的模型，贴图不会正常显示，故需要添加一个【UVW Mapping】（指定贴图坐标）命令。这时候贴图虽然显示了，但并不是实际的地砖尺寸，所以要在编辑面板将【UVWmap】参数里面的 Length 和 Width 值改为 50cm 和 50cm，这样阳台地面的尺寸就合适了，如图 4-2-89 所示。

图 4-2-89　为阳台地面材质指定贴图坐标

（4）选中"阳台地面"物体，将其隐藏，如图 4-2-90 所示。

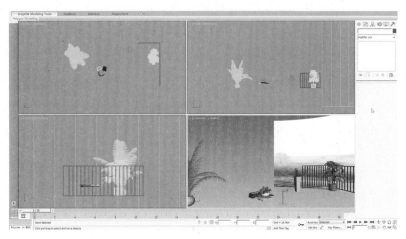

图 4-2-90　隐藏"阳台地面"模型

2. 制作铸铁栅栏材质

铸铁材质的最终效果如图 4-2-91 所示。

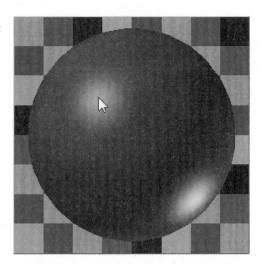

图 4-2-91　铸铁材质球设置后的最终效果

（1）单击主要工具栏上的 ⊞ 按钮（或按键盘上的【M】快捷键），打开材质编辑器。选中一个未使用的材质球，将当前视图切换为实体显示模式，使用 ✐ 吸管工具，在当前视图中点击"铸铁栅栏"物体，将"铸铁"材质吸取到材质编辑器中，如图 4-2-92 所示。单击右侧的【Standard】（标准）按钮，在弹出的贴图浏览器中选择【VRayMtl】（VR 材质）。单击【Diffuse】右侧的色块，在弹出的颜色拾取器中，调节 R、G、B 值分别为 39、44、44，H、S、V 值分别为 128、29、44，如图 4-2-93 所示。

图 4-2-92　要吸取的"铸铁"材质

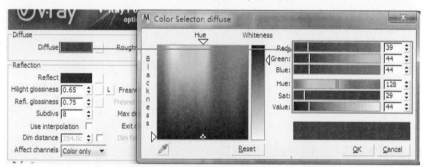

图 4-2-93　"铸铁"材质固有色设置

（2）单击 按钮返回"铸铁"材质面板中，调节【Reflect】（反射色）的 R、G、B 值为 18。激活【Hilight glossiness】（高光光滑），设置高光光滑值为 0.65，设置【Refl. glossiness】（反射光滑）值为 0.75，让铸铁有高光模糊和反射模糊的感觉。加大材质的【Subdivs】（细分）值，设为 12。其他数值保持默认即可，如图 4-2-94 所示。

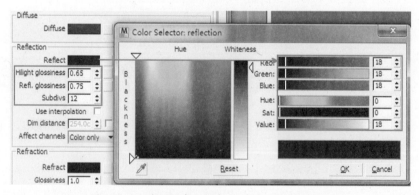

图 4-2-94　材质的高光光滑、反射光滑及细分设置

（3）选中"铸铁栅栏"物体，将其隐藏，如图 4-2-95 所示。

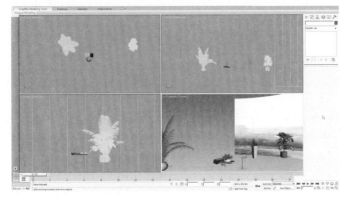

图 4-2-95　隐藏"铸铁栅栏"模型

4.2.10　编辑白陶瓷模型

白陶瓷材质的最终效果如图 4-2-96 所示。

图 4-2-96　白陶瓷材质球设置后的最终效果

（1）单击主要工具栏上的![按钮]按钮（或按键盘上的【M】快捷键），打开材质编辑器。选中一个未使用的材质球，将当前视图切换为实体显示模式，使用![吸管]吸管工具，在当前视图中将"白陶瓷"材质吸取到材质编辑器中，如图 4-2-97 所示。单击右侧的【Standard】（标准）按钮，在弹出的贴图浏览器中选择【VRayMtl】（VR 材质），设置【Diffuse】（漫射区）的颜色 R、G、B 值均为 250，如图 4-2-98 所示。

图 4-2-97　要吸取的"白陶瓷"材质

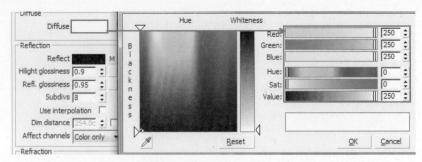

图 4-2-98　"白陶瓷"材质固有色设置

（2）陶瓷是种反光很柔和的材质，要表现这种柔和的反射效果，需要为【Reflect】（反射）添加一个【Falloff】（衰减），并将默认的【Falloff Type】（衰减类型）改为【Fresnel】（菲涅耳）反射，如图 4-2-99 所示。

（3）单击 按钮返回基本参数设置卷展栏，激活【Hilight glossiness】（高光光滑），设置高光光滑值为 0.9，设置【Refl. glossiness】（反射光滑）值为 0.95，如图 4-2-100 所示。

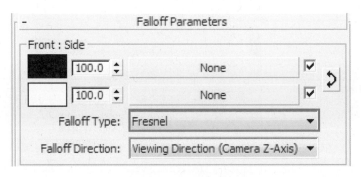

图 4-2-99　材质的反射衰减设置

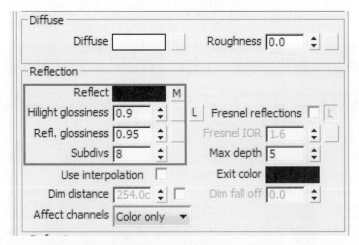

图 4-2-100　材质的颜色、高光光滑、反射光滑及细分设置

（4）现在场景中的物体已经不多了，也就无须隐藏了，可以继续调节。

4.2.11　编辑小茶几模型

在调节"小茶几"模型材质之前,应先选中"小茶几"群组,点击菜单栏【Group】（群组）下的【Ungroup】按钮,将其解组。

1. 编辑茶几玻璃材质

茶几玻璃材质的最终效果如图 4-2-101 所示。

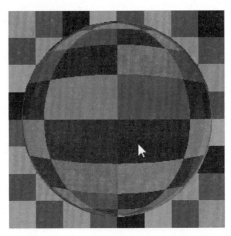

图 4-2-101　茶几玻璃材质球设置后的最终效果

（1）单击主要工具栏上的 ⊞ 按钮（或按键盘上的【M】快捷键）,打开材质编辑器。选中一个未使用的材质球,将当前视图切换为实体显示模式,使用 🖉 吸管工具,在当前视图中将"茶几玻璃"材质吸取到材质编辑器中,如图 4-2-102 所示。单击右侧的【Standard】（标准）按钮,在弹出的贴图浏览器中选择【VRayMtl】（VR 材质）,将【Diffuse】（漫射区）的 R、G、B 值设为 138、168、168,H、S、V 值设为 128、46、168,如图 4-2-103 所示。

图 4-2-102　要吸取的"茶几玻璃"材质

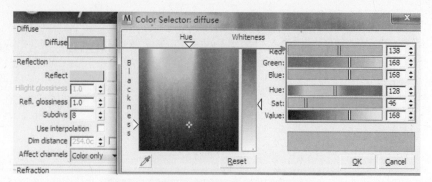

图 4-2-103 "茶几玻璃"材质固有色设置

（2）单击【Reflect】（反射）右侧的色块，设置 R、G、B 值为 45。因为玻璃主要是以折射为主，所以反射部分的其他数值保持默认即可，如图 4-2-104 所示。

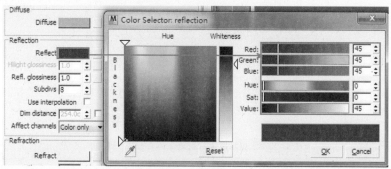

图 4-2-104 材质的颜色、高光光滑、反射光滑及细分设置

（3）设置【Refract】（折射）的 R、G、B 值与【Diffuse】（漫射区）的 R、G、B 值均为 240。为了实现灯光穿过模型投射阴影的真实效果，在这里需要勾选【Affect shadows】（影响阴影）选项。将【IOR】（大气值）改为 1.66。每个物体都有其特定的 IOR 大气值，一般情况下不用去设置，只有在玻璃、塑料、液体等折射要求非常高的情况下才做相应的更改。设置【Fog color】（大气雾颜色）的 R、G、B 值与【Diffuse】（漫射区）的 R、G、B 值相同。设置【Fog multiplier】（大气雾倍增值）为 0.05。更改【Affect channels】（影响通道）模式为【Color+alpha】（颜色 + 阿尔法）。上述参数设置如图 4-2-105 所示。

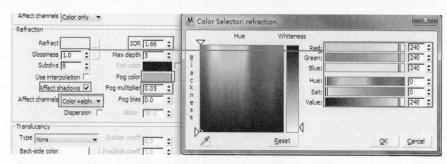

图 4-2-105 材质的折射、光滑、阴影影响及细分设置

（4）现在场景中的物体已经不多了，模型无须隐藏，可以继续调节。

2. 编辑茶几金属材质

茶几金属材质的最终效果如图 4-2-106 所示。

图 4-2-106 茶几金属材质球设置后的最终效果

参照之前"不锈钢"材质的调节方法进行设置，仅颜色略有不同。

其余物体的材质均为自带且已经调节完毕。这样场景中所有材质都设置完成了。将所有物体取消隐藏，调节完毕的场景如图 4-2-107 所示。接下来将为场景创建所需的光源，主要有顶面的灯带以及室外的太阳光。

图 4-2-107 调节好材质的全部场景

4.3 创建室外光和室内光

4.3.1 创建室外太阳光

（1）选择创建面板 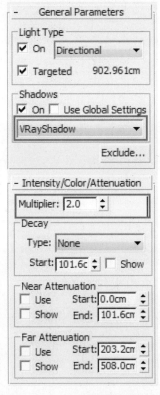 上的灯光，在下拉列表中选择【Standard】（标准灯光）
→【Target Direct】（目标平行光），在顶视图中创建一个光源。

（2）返回修改面板，勾选【Shadows】（阴影），在阴影类型中选择
【VRayShadow】（VRay 阴影），调节【Multiplier】（倍增）值为 2.0。在现实生
活中，太阳光是照亮场景的唯一主光源，但在制作效果图时不能完全通过增加太
阳光倍增值来调节整个空间的明暗，因为这样容易产生曝光现象。调节一个模拟
太阳光的淡黄色，如图 4-3-1 所示。

图 4-3-1　灯光的基本参数设置

（3）打开【Directional Parameters】（方向参数）卷展栏，将【Hotspot/Beam】（聚
光区 / 光束）值调节到 509 cm 左右，如图 4-3-2 所示。此时【Falloff/Field】（衰
减区 / 光域）值会自动跟着变化，不需要去调节。这里是要表现下午的光照效果，
下午的阳光阴影是很清晰的。聚光区与衰减区之间的数值相差越小，那么阴影的
边缘也就越清晰。

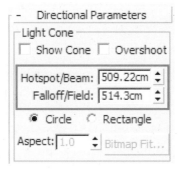

图 4-3-2　平行光参数设置

（4）打开【VRayShadows params】（VRay 阴影参数）卷展栏，将【Bias】（偏移）值改为 0。勾选【Area shadow】（面阴影）。此选项为 VRay 渲染器专用，只有在阴影类型中选择 VRay 阴影时才会有。在勾选后，阴影边缘会产生模糊过渡的效果。增加 U 向偏移值为 10cm。虽然这个场景的阳光属于下午，但是让阴影边缘柔和一点会提升我们想要的效果。增加【Subdivs】（细分）值为 20，如图 4-3-3 所示。调节光源的位置如图 4-3-4 所示。

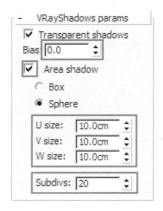

图 4-3-3　灯光的阴影参数设置

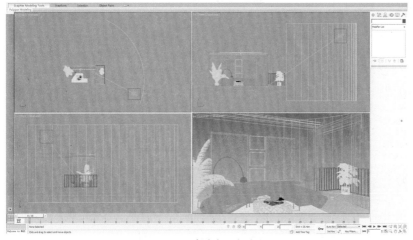

图 4-3-4　室外太阳光的位置

4.3.2　创建室外环境光

室外的环境光通常是通过 VRay 渲染器设置中的【Environment】（环境）卷展栏下的【GI】来产生照明的，同时配合使用【VRayLight】（VRay 灯光）制作。其位置一般都是在窗口的位置。

（1）打开 VRay 设置面板，点击展开【VRay：Environment】卷展栏，勾选【GI Environment（Skylight）Override】框内的【On】复选框，开启环境照明，如图 4-3-5 所示。

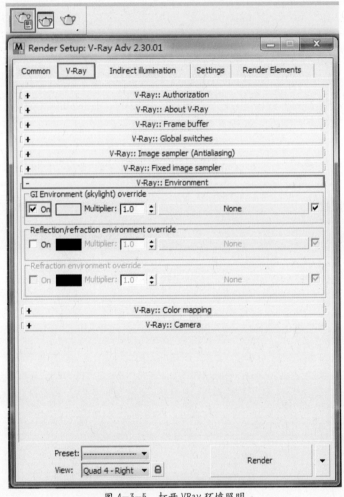

图 4-3-5　打开 VRay 环境照明

（2）选择创建面板 ○ 上的 ◁ 灯光，从下拉列表中选择【VRay】→【VRayLight】（VRay 灯光），在右视图中创建一个光源。在右视图中用【VRayLight】拖拽一个与窗口一边大小相近的光源，将【Half-Length】值改为 300cm，【Half-Width】值改为 150cm。调节【Multiplier】（倍增值）为 10.0，并设置 R、G、B 值分别为 246、255、255，H、S、V 值分别为 128、9、255，如图 4-3-6 所示。

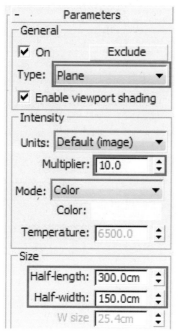

图 4-3-6 灯光的颜色、大小、倍增值设置

（3）勾选【Invisible】（不可见）选项，否则灯光会以一个发光面的形式出现。取消选中【Affect reflections】（影响反射）选项，同样是为了不让灯光以发光面的形式出现在反射物体上。设置灯光的【Subdivs】（细分）值为 20，【Shadow bias】（阴影偏移）值为 0，如图 4-3-7 所示。

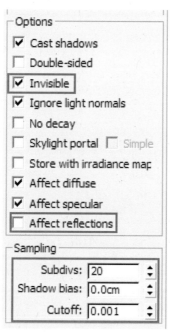

图 4-3-7 灯光显示、细分设置

（4）切换到顶视图，将创建的 VRay 灯光移动到窗口外侧，如图 4-3-8 所示。

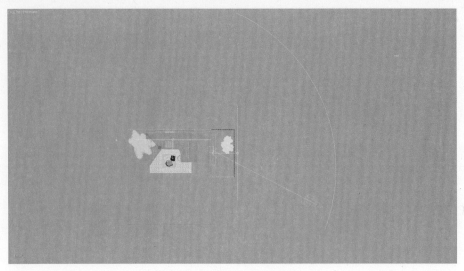

图 4-3-8　模拟环境光的位置

4.3.3　创建室内灯带

灯带是室内装修常用的一种光源,其制作方法也有很多。矩形灯带多用【VRayLight】(VRay 灯光)制作;如果是圆形吊顶中的光带,则需要用到其他方法,例如通过 VRay 渲染器自带的【VRayMtlWrapper】(VRay 封套)材质,通过加大【Generate GI】(产生全局照明)的数值来完成灯带的效果。

(1)选择创建面板⬤上的灯光🔦,从下拉列表中选择【VRay】→【VRayLight】(VRay 灯光), 在后视图中创建一个光源。在后视图中用【VRayLight】拖拽一个与吊顶一边大小相近的光源,调节【Multiplier】(倍增值)为 4.0,并设置颜色 R、G、B 值分别为 255、248、224,H、S、V 值分别为 33、31、255,如图 4-3-9 所示。

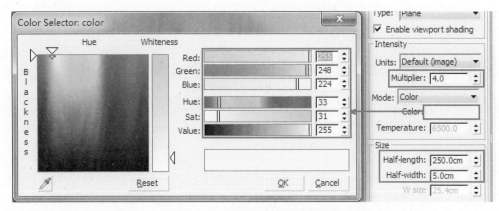

图 4-3-9　灯光的颜色及倍增值设置

(2)取消选中【Affect reflections】(影响反射)选项,以免灯光以发光面的形式出现在反射物体上。设置灯光的【Subdivs】(细分)值为 20,【Shadow bias】(阴影偏移)值为 0,如图 4-3-10 所示。

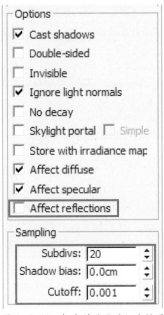

图 4-3-10　灯光的显示及细分设置

（3）切换到顶视图，将创建的 VRay 灯光移动到吊顶位置，如图 4-3-11 所示。

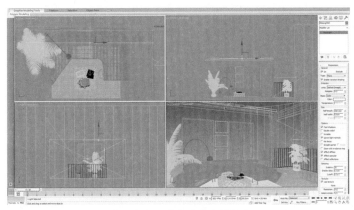

图 4-3-11　模拟环境光的位置

　　至此，室内灯光的布置就完成了，下面将通过简单的渲染参数设置来测试一下场景。

4.4　设置渲染参数

4.4.1　测试渲染参数设置

　　（1）单击主要工具栏上的 （渲染设置）按钮（或按键盘上的【F10】快捷键），此时将打开【Render Setup】渲染面板。单击【V-Ray】选项卡，打开【Global switches】（总体版面）卷展栏，将【Secondary rays bias】（二级光线偏移）值改为 0.001，将【Default lights】（默认灯光）设置成【Off with GI】（关闭）。在默认的情况下，3ds Max 会自动为场景提供一个灯光，当我们设置好灯光后就需要把默认灯光关闭，否则场景中的灯光就会被打乱。

（2）打开【Image sampler】（图像采样）卷展栏，在采样方式里选择【Fixed】（固定比率采样器）。这样做是为了提高测试速度。【Fixed】（固定比率采样器）在计算物体边缘锯齿清晰度时不是很精确，但能够提高速度。这个阶段不需要通过抗锯齿来提升效果，因此可以取消选中【Antialiasing filter】（抗锯齿过滤器）下面的【ON】复选框，此时所用的时间也会更少，如图 4-4-1 所示。

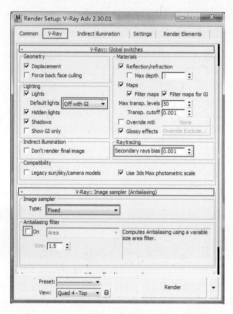

图 4-4-1　渲染默认灯光及渲染采样设置

（3）为了防止场景曝光，打开【Color mapping】（色彩贴图）卷展栏，在【Type】（样式）里选择【Exponential】（指数倍增）。【Exponential】（指数倍增）的特点是可以有效地避免场景中出现曝光现象，而且降低色彩的饱和度，使画面看上去更加柔和。其他数值保持默认即可，如图 4-4-2 所示。

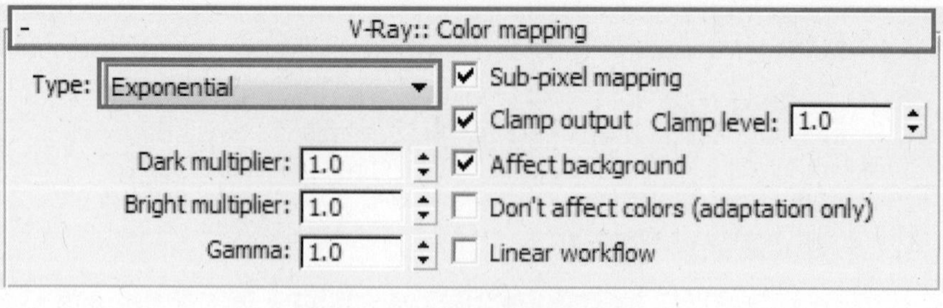

图 4-4-2　色彩贴图卷展栏设置

下面设置【Indirect illumination】选项卡的参数。

（4）打开【Indirect illumination】（间接光照明）。此选项是 VRay 渲染器的首要选项，如果不勾选，等于没有使用 VRay 渲染器。选择【Primary bounces】（首次反弹）中【GI engine】（GI 引擎）的【Irradiance map】（发光贴图），在【Secondary bounces】（二次反弹）中的【GI engine】（GI 引擎）中选择【Brute Force】（BF 算法）。这是 VRay 渲染器非常经典的计算组合，可以提供更精确的计算参数。

（5）打开【Irradiance map】（发光贴图）卷展栏，在【Current preset】（预制模式）中选择【Custom】（自定义）模式，将【Min Rate】值改为 –5，【Max Rate】值改为 –5，调节【HSph. subdivs】（半球细分）值为 30。调节这些数值也是为了节省渲染时间，如图 4–4–3 所示。

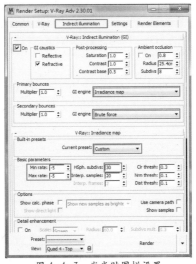

图 4–4–3　发光贴图栏设置

最后设置【Settings】选项卡的参数。

（6）打开【DMC Sampler】（确定蒙特卡罗采样），调节【Adaptive amount】（重要性抽样数量）值为 1.0，调节【Noise threshold】（噪波极限值）值为 1。在测试渲染中，这里的设置最大限度地决定了渲染时间，所以测试时都调节到比较粗略的数值，如图 4–4–4 所示。

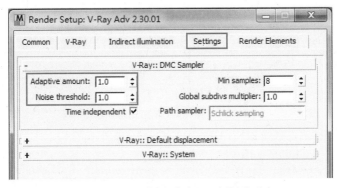

图 4–4–4　设置【确定蒙特卡罗采样栏】参数

（7）单击【Render Setup】渲染面板中的【Common】（通用）选项卡，将测试渲染的尺寸设置成"320×240"，单击【Render】（渲染），得到如图4-4-5、图4-4-6所示的效果。

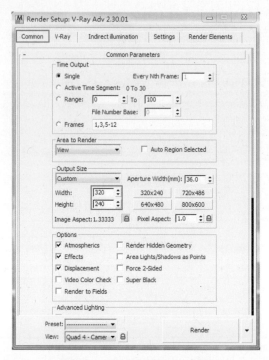

图4-4-5　设置测试渲染图面尺寸

图4-4-6　测试渲染效果

由此时的效果图可以看出，整体的明暗关系有了，但画面还是太暗。这时不能通过加大灯光倍增值来使画面变得更亮，因为在后期的PS处理中我们还要提高整体的亮度，而且很容易出现曝光的现象。这里我们通过提高【Primary bounces】（首次反弹）值以及增加【Exponential】（指数倍增）的【Dark multiplier】（深度倍增）值和【Bright multiplier】（亮度倍增）值来使画面变得明亮。

（8）单击 按钮，打开材质编辑器，在【Indirect illumination】选项栏中设置【Primary bounces】（首次反弹）值为1.5，如图4-4-7所示。

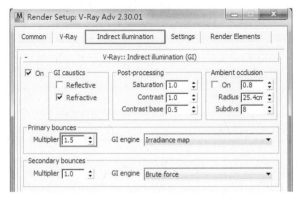

图 4-4-7　间接照明栏设置

（9）在【Color mapping】（色彩贴图）卷展栏中提高【Exponential】（指数倍增）的【Dark multiplier】（深度倍增）值和【Bright multiplier】（亮度倍增）值至 1.5，如图 4-4-8 所示。

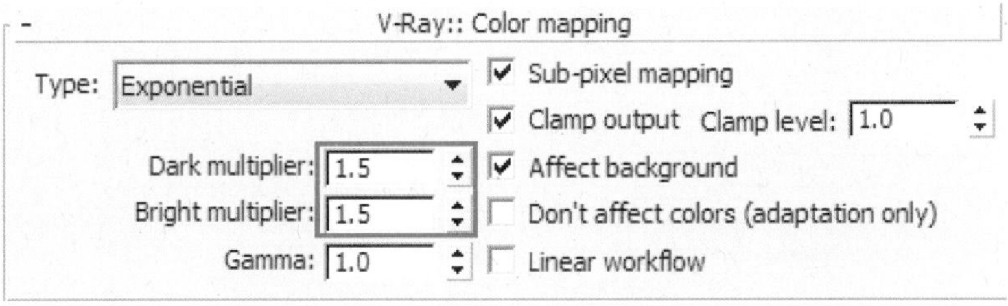

图 4-4-8　色彩贴图卷展栏设置

（10）再次渲染，得到如图 4-4-9 所示效果。

图 4-4-9　二次测试渲染效果图

4.4.2　最终渲染参数设置

画面中的明暗对比已经比较适合我们后期在 PS 里进行调整了，现在我们就通过渲染光子贴图来进行最终渲染。

（1）先打开 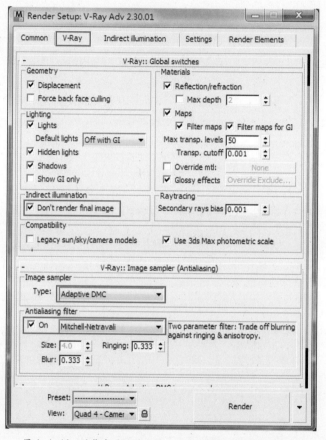VRay 渲染器面板，然后打开【Global switches】卷展栏，取消选中【Materials】（材质）设置栏中的【Max depth】（最大深度）选项。勾选【Don`t render final image】（不渲染最终图像）选项。因为已经清楚最终的效果，所以在渲染光子贴图的时候就不用再渲染图像了。

（2）打开【Image sampler】（图像采样）卷展栏，在采样方式里选择【Adaptive subdivision】（自适应细分采样器），在【Antialiasing filter】（抗锯齿过滤器）的下拉列表里选择【Catmull Rom】（可得到非常锐利的边缘），用于更精确地计算显示模型的边缘，如图 4-4-10 所示。

图 4-4-10　渲染光子贴图设置、图像采样类型及抗锯齿设置

（3）打开【Irradiance map】（发光贴图）卷展栏，在【Current preset】（预制模式）中选择【Medium】（中等）模式。调节【HSph.subdivs】（半球采样）值为 70（较小的取值可以获得较快的速度，但很可能会产生黑斑；较高的取值可以得到平滑的图像，但渲染时间也就越长）。调节【Interp.samples】（插值的样本）数值为 35（较小的取值可以获得较快的速度，但很可能会产生黑斑；较高的取值可以得到平滑的图像，但渲染时间也就越长），如图 4-4-11 所示。

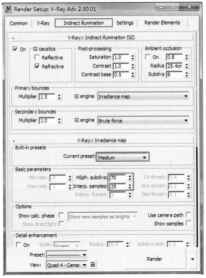

图 4—4—11　间接照明栏及发光贴图栏设置

（4）打开【On render end】（渲染结束）栏，勾选【Auto save】（自动保存）选项，将光子贴图在渲染结束后自动保存在指定位置。勾选【Switch to saved map】（自动调取已保存的光子贴图）选项，这样在再渲染大图的时候就不用手动选取已保存的光子贴图了，如图 4—4—12 所示。

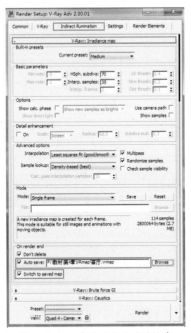

图 4—4—12　光子贴图贴图的保存

（5）打开【DMC Sampler】（确定蒙特卡罗采样），调节【Adaptive amount】（重要性抽样数量）值为 0.75（减小这个值会减慢渲染速度，但同时会降低噪波和黑斑），调节【Noise threshold】（噪波极限值）值为 0.002（较小的取值意味着较少的噪波，得到更好的图像品质，但渲染时间也就越长）。调节【Min samples】（最小采样数）为18（较高的取值会使早期终止算法更可靠，但渲染时间也就越长）。具体设置如图 4-4-13 所示。

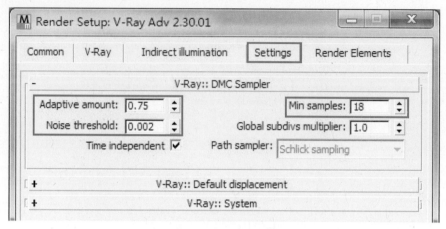

图 4-4-13　确定蒙特卡罗参数设置

（6）单击【Render Setup】（渲染面板）中的【Common】（通用）选项卡，将测试渲染的尺寸设置成"750×563"，如图 4-4-14 所示。

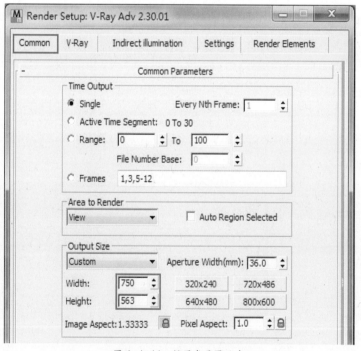

图 4-4-14　设置光子图尺寸

（7）单击【Render】，得到光子贴图，现在就可利用光子贴图来渲染大尺寸效果图。前面渲染的光子贴图尺寸为"750×563"，最终渲染尺寸最大不宜超过光子贴图尺寸的 3~4 倍，否则光子贴图的作用不大。调节渲染尺寸为

"3000×2250"。取消勾选【Global switches】卷展栏下的【Don't render final image】（不渲染最终图像）。再次渲染，得到最终渲染效果如图4-4-15所示。

图4-4-15 最终渲染效果图

4.5 Photoshop 后期处理

将图片导入 Photoshop 进行后期处理之前，应先分析图片中需要改善的地方，例如亮度、饱和度、色彩平衡以及锐化处理等。

（1）先调节图片的亮度。在工具选项板中的图层栏右键单击"背景"层，将背景层复制。

（2）改变"背景 副本"图层的类型为"柔光"，使画面的明暗对比更强烈。按住【Ctrl+L】键，打开色阶控制栏，将亮度控制点向右移动至100，增加画面的亮度，如图4-5-1所示。

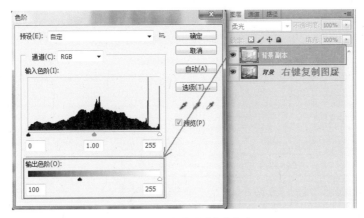

图4-5-1 调节图层色阶亮度

（3）右键单击"背景 副本"层，再次复制图层，并将新"背景 副本2"图层的类型设定为"强光"，降低图层的不透明度至 15%，如图 4-5-2 所示。

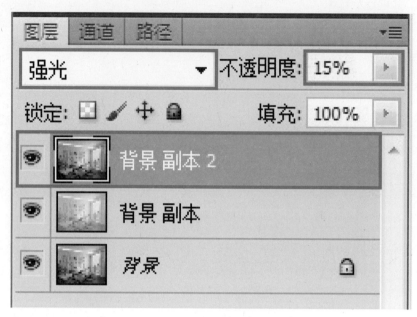

图 4-5-2　复制新图层

（4）按键盘上的【Ctrl+Shift+E】键合并所有图层，进行下一步修改。

（5）为了让整个场景看起来更温馨一些，可以将色调调为偏暖。按键盘上的【Ctrl+B】键，打开色彩平衡设置对话框，调节红色色阶值为 +5，黄色色阶值为 –5，如图 4-5-3 所示。

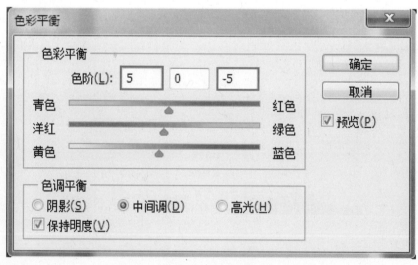

图 4-5-3　色彩平衡调节

（6）现在画面中的饱和度有些高，按键盘上的【Ctrl+U】键打开色相 / 饱和度设置对话框，降低饱和度值至 –10，如图 4-5-4 所示。

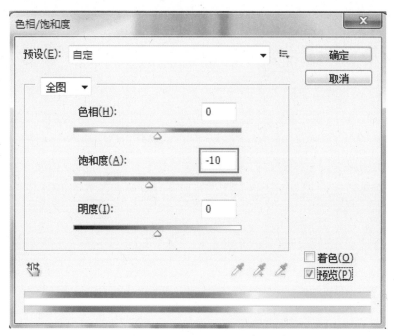

图 4-5-4　色相／饱和度调节

（7）为了让画面的层次感更强烈一些，需要单独提高太阳光投射在沙发和墙面上的部分，以及提高木墙面的亮度。其方法与前面调节图层亮度的方法相同。调节好的最终效果如图 4-5-5 所示。

图 4-5-5　调节局部亮度完成最终出图

第 5 章　高层建筑黄昏表现

5.1　项目背景与分析

本章将讲解高层写字楼黄昏效果的制作。由于主要表现人视角度的东南立面，所以我们以南立面和东立面为主要建模对象，北立面和西立面可以直接使用镜像工具制作。

模型制作完成后进行黄昏效果的渲染，从中我们需要学习黄昏灯光的布置、玻璃材质、干挂大理石材质等的制作方法。案例模型完成图以及最终效果如图5-1-1 和图 5-1-2 所示。

图 5-1-1　模型完成图

图 5-1-2　最终效果图

5.2 建模阶段

5.2.1 分析 CAD 图纸

打开光盘中的第 5 章模型文件夹里面的 CAD 文件夹，这个文件夹里面存放着我们制作这个模型所需要的 CAD 图纸。一共有 1、2、3、4 ~ 10、11 ~ 17、18、19 ~ 23、24 ~ 26、27、28 ~ 29、30、31 层平面，南立面、东立面、北立面、西立面共 16 张 CAD 图纸。

通过查看这些 CAD 图纸可以得知该建筑是一个高层建筑，风格简洁，主要采用大面积玻璃幕墙、浅麻花色外墙石材、铝板、灰色大理石等材料装饰。该建筑是前后左右对称的建筑，大部分玻璃窗的尺寸都是一致的。分析完图纸之后，就可以制订建模思路和方法了。需要注意的一点是，模型制作完之后要赋予简单材质，以方便渲染阶段进行材质调节。

5.2.2 制作南立面模型

由于建筑南立面中 1 ~ 27 层的玻璃及石材自身并没有前后的变化，所以我们可以进行整体的制作，28 层以上的楼层则需要单独处理。

1. 制作南立面墙体部分

（1）打开随书配套光盘中的 "Scenes\ 高层 –01 初始 .MAX 文件"，切换到前视图。

（2）在前视图中，使用二维线中的【Rectangle】（矩形）工具描出竖向墙体的轮廓，如图 5-2-1 所示。

图 5-2-1　描出其中一段石材柱体的轮廓

（3）选中该二维图形，进入编辑面板，为其添加【Extrude】（挤出）修改器，将【Amount】（数量）值更改为500mm，取消勾选【Capping】下的【Cap Start】（始端封口）复选框，如图5-2-2所示。

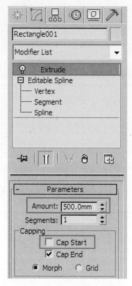

图 5-2-2 添加【Extrude】修改器

（4）在前视图中选中创建的墙体，点击右键，选择【Convert to】→【Convert to Editable Mesh】（转换为可编辑网格），如图5-2-3所示。

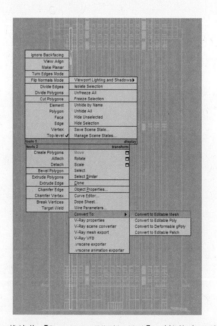

图 5-2-3 将墙体【Convert to Editable Mesh】（转换为可编辑网格）

（5）切换到顶视图，选中刚才创建的墙体，按照1层平面图放好竖向墙体的位置，如图5-2-4所示。

图 5-2-4　竖向墙体在平面上的正确位置

（6）单击主工具栏中的【Material Editor】（材质编辑器）按钮，在弹出的材质编辑器里选定一个材质球，更改材质的名字为"石材饰面"。调整【Diffuse Color】（漫反射颜色）为浅灰色，点击【Assign Material to Selection】（将材质指定给选定对象）按钮，为所创建墙体赋予材质，如图 5-2-5 所示。

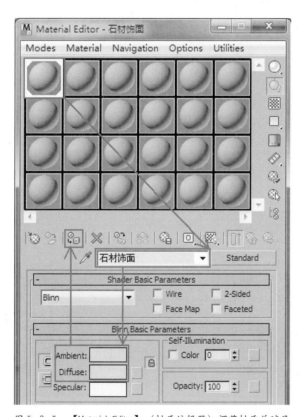

图 5-2-5　【Material Editor】（材质编辑器）调节材质并赋予

（7）切换到前视图，选择所创建的墙体，捕捉柱体左下角位置，向右移动复制，此时会弹出【Clone Options】（克隆选项）的对话框；选择【Instance】（关联）方式，点击【OK】确认操作，然后取消锁定命令，如图 5-2-6 所示。

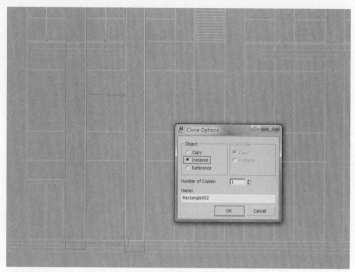

图 5-2-6　复制柱体

（8）按照步骤（6），将南立面中从 1 层开始的所有竖向柱体复制出来，如图 5-2-7 所示。

图 5-2-7　复制出 1 层以上柱体

2. 制作两侧的边墙

（1）在前视图我们可以看到两侧有两面很宽的边墙，这两面墙不能在前视图进行创建。切换到顶视图，在平面上可以看到这两面墙是 L 形的墙，所以我们需要在顶视图中描出轮廓。使用二维线中的【Line】（直线）工具描出 L 形墙的轮廓，如图 5-2-8 所示。

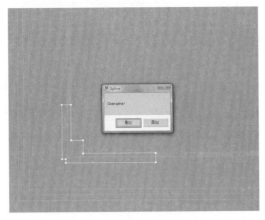

图 5-2-8　描出 L 形墙的轮廓

（2）选中该二维图形，进入编辑面板，为其添加【Extrude】（挤出）修改器，将【Amount】（数量）值更改为 1000mm，取消勾选【Capping】下的【Cap Start】（始端封口）复选框。

（3）在前视图选中挤出的 L 形墙，点击右键，选择【Convert to】→【Convert to Editable Mesh】（转换为可编辑网格），进入编辑面板，选择【Vertex】（点）层级，按【F6】切换到 Y 轴，选中上边所有的点，向上移动到正确位置，如图 5-2-9、图 5-2-10 所示。

图 5-2-9　将 L 形墙【Convert to Editable Mesh】（转换为可编辑网格）并选中上边的点

图 5-2-10　移动到这个位置

（4）选中L形墙，单击主工具栏中的【Material Editor】（材质编辑器）按钮，选择"石材饰面"材质球，点击【Assign Material to Selection】（将材质指定给选定对象）按钮，给L形墙赋予材质。

（5）选中L形墙，切换到顶视图，点击主工具栏上的【Mirror】（镜像）工具按钮，选择X轴，在【Clone Selection】（克隆选择）栏选择【Instance】（关联）方式，点击【OK】确认操作，如图5-2-11所示。

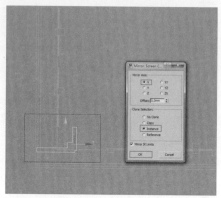

图 5-2-11　镜像 L 形墙

（6）按照平面右侧的位置将其放好，如图5-2-12所示。

图 5-2-12　两侧的 L 形墙都摆放准确

3. 制作 3 层以上竖向墙体

（1）建筑的3层以下基本全是玻璃幕墙，已经有的墙体我们已经制作完毕。3层以上还有另外一些竖向的墙体，在前视图可以看到其轮廓。但是在1层平面图中看不到这些柱体的位置，所以我们需要5～10层平面图作为参照。打开图层管理器，显示5～10层平面。

（2）参照5.2.2节制作竖向墙体的方法和参数，将3层以上的竖向墙体制作出来，如图5-2-13、图5-2-14所示。

图5-2-13　石材柱体在4层平面上的正确位置

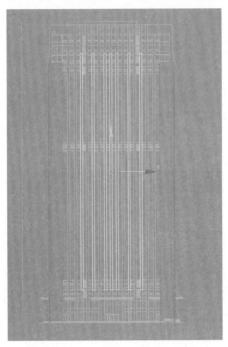

图5-2-14　复制出4层所有柱体

4. 制作横向的墙体

（1）1～3层为玻璃幕墙结构，只有竖向墙体而没有横向墙体。而在4层的底部开始有横向墙体，如图5-2-15所示。

图 5-2-15 横向墙体的位置

（2）切换到前视图，使用二维线中的【Rectangle】（矩形）工具描出横向墙体的轮廓，如图 5-2-16 所示。

图 5-2-16 描出横向墙体的轮廓

（3）选中该二维图形，进入编辑面板，为其添加【Extrude】（挤出）修改器，将【Amount】（数量）值更改为 200mm，取消勾选【Capping】下的【Cap Start】（始端封口）复选框。

（4）切换到顶视图，选中刚才创建的墙体，按照 1 层平面图的位置放好横向墙体，如图 5-2-17 所示。

图 5-2-17 横向墙体在平面上的正确位置

（5）选中刚才创建的墙体，单击主工具栏中的【Material Editor】（材质编辑器）按钮，选择"石材饰面"材质球，点击【Assign Material to Selection】（将材质指定给选定对象）按钮，给墙体赋予材质。

（6）在此横向墙体下方还有一段横向墙体，此墙体比刚才那面墙体要薄。参照步骤（2）将其轮廓描出，添加【Extrude】（挤出）修改器，将【Amount】（数量）值更改为 135mm，取消勾选【Capping】下的【Cap Start】（始端封口）复选框，如图 5-2-18 所示。

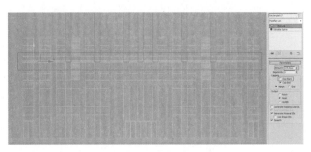

图 5-2-18　另一段横向墙

（7）切换到顶视图，选中刚才创建的墙体，按照 1 层平面图的位置放好横向墙体，如图 5-2-19 所示。

图 5-2-19　薄墙体在平面上的正确位置

（8）选中刚才创建的墙体，单击主工具栏中的【Material Editor】（材质编辑器）按钮，选择"石材饰面"材质球，点击【Assign Material to Selection】（将材质指定给选定对象）按钮，给薄墙体赋予材质。

（9）选中厚一点的横向墙体，点击右键，选择【Convert to】→【Convert to Editable Mesh】（转换为可编辑网格）；再次点击右键，选择【Attach】（附加），点击选中薄一点的墙体，将这两段墙体合并为一个物体，如图 5-2-20、图 5-2-21 所示。

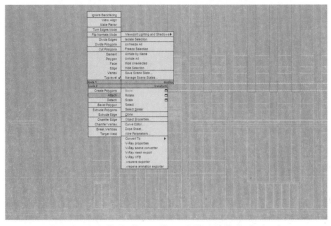

图 5-2-20　使用【Attach】工具将两墙体合并到一起

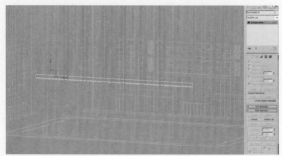

图 5-2-21　合并为一个物体的横向墙体

（10）切换到前视图，选择创建的墙体，捕捉横向墙体左下角位置，向上移动复制，会弹出【Clone Options】（克隆选项）的对话框；选择【Instance】（关联）方式，将【Number of Copies】（复制数量）改为14，点击【OK】确认操作，然后取消锁定命令，如图5-2-22所示。

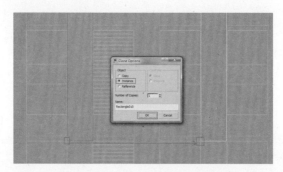

图 5-2-22　复制横向墙体

（11）参照上面的步骤将1～27层的横向墙体复制出来，如图5-2-23所示。

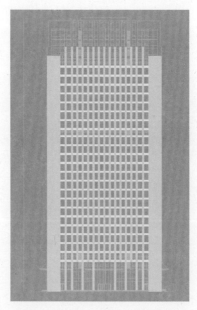

图 5-2-23　南立面1～27层墙体

5. 南立面 1 ~ 27 层玻璃

（1）南立面的玻璃需要分成 3 部分来制作，即左侧、右侧和中间 3 部分，分界线是格栅。由于玻璃都处于一个平面，所以我们可以整体制作。切换到前视图，使用二维线中的【Line】（直线）工具描出玻璃的轮廓，如图 5-2-24、图 5-2-25 所示。

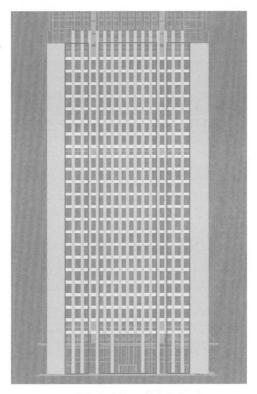

图 5-2-24　三部分玻璃

图 5-2-25　描出左侧玻璃的轮廓

（2）在前视图中选中创建的玻璃图形，点击右键，选择【Convert to】→【Convert to Editable Mesh】（转换为可编辑网格），如图 5-2-26 所示。

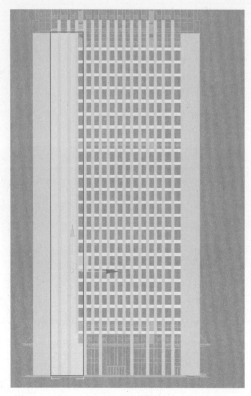

图 5-2-26 将左侧玻璃转换为网格

（3）切换到顶视图，选中刚才创建的玻璃，按照 1 层平面图放好玻璃的位置，如图 5-2-27 所示。

图 5-2-27 竖向墙体在平面上的正确位置

（4）参照 5.2.2. 节中的方法创建玻璃材质，并将其赋给刚才创建的模型物体。

（5）按照步骤（1）的操作，继续描出中间部分的玻璃轮廓，并将其【Convert to Editable Mesh】（转换为可编辑网格）。在顶视图中将其移动到与左侧玻璃 Y 轴一致的位置，给中间部分赋予玻璃材质，如图 5-2-28 所示。

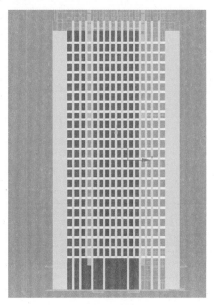

图 5-2-28　调整位置并赋予材质

（6）选择左侧的玻璃物体，在前视图中点击主工具栏上的【Mirror】（镜像）工具按钮，选择 X 轴，在【Clone Selection】（克隆选择）栏选择【Instance】（关联）方式，点击【OK】确认操作，如图 5-2-29 所示。

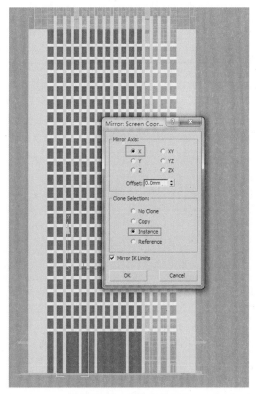

图 5-2-29　镜像左侧玻璃

（7）将镜像生成的玻璃按照右侧的位置放好，如图 5-2-30 所示。

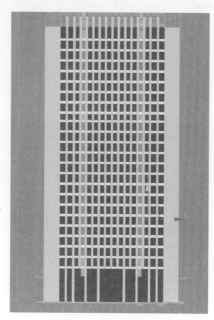

图 5-2-30　右侧玻璃的位置

6. 制作 1 层门框

（1）切换到前视图，使用二维线中的【Rectangle】（矩形）工具描出左侧门框的轮廓，如图 5-2-31 所示。

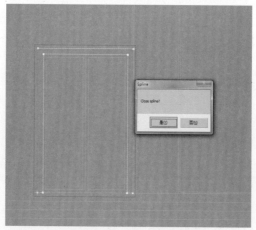

图 5-2-31　描出门框轮廓

（2）选中该二维图形，进入编辑面板，为其添加【Extrude】（挤出）修改器，将【Amount】（数量）值更改为 100mm，取消勾选【Capping】下的【Cap Start】（始端封口）复选框。

（3）切换到顶视图，选中刚才创建的门框，按照 1 层平面图放好门框的位置，如图 5-2-32 所示。

图 5-2-32　门框在平面上的正确位置

（4）参照 5.2.2 节中的方法创建门框、窗框材质，并将其赋给刚才创建的模型物体。

（5）现在制作门框内部门扇的框架。使用二维线中的【Rectangle】（矩形）工具描出门扇的外框轮廓，然后取消勾选创建面板二维线按钮下的【Start New Shape】（创建新图形）复选框，描出门扇的内框轮廓，如图 5-2-33 所示。

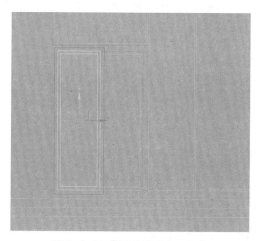

图 5-2-33　描出门扇的框架轮廓

（6）选中该二维图形，进入编辑面板，为其添加【Extrude】（挤出）修改器，将【Amount】（数量）值更改为 50mm，取消勾选【Capping】下的【Cap Start】（始端封口）复选框。

（7）切换到顶视图，选中刚才创建的门扇框架，将其放到门框的中间位置，如图 5-2-34 所示。

图 5-2-34　门扇框架在平面上的正确位置

（8）选中刚才创建的门扇框架，单击主工具栏中的【Material Editor】（材质编辑器）按钮，选择"门框窗框"材质球，点击【Assign Material to Selection】（将材质指定给选定对象）按钮，给门扇框架赋予材质。

（9）在前视图中选中门扇框架，点击右键，选择【Convert to】→【Convert to Editable Mesh】（转换为可编辑网格）；进入编辑面板，选择【Element】（元素）层级，选中门扇框架元素，捕捉框架左上角位置，向右移动复制，如图5-2-35所示。

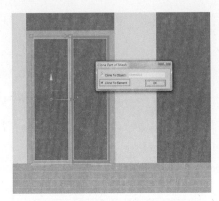

图 5-2-35　元素层级内复制

（10）按照步骤（9）将右侧和中间的门扇框架也复制出来，如图5-2-36、图5-2-37所示。

图 5-2-36　元素层级内复制到右侧

图 5-2-37　元素层级内复制到中间

（11）选择左侧门框，点击右键，选择【Convert to】→【Convert to Editable Mesh】（转换为可编辑网格）；进入编辑面板，选择【Element】（元素）层级，选中门框元素，捕捉门框左上角位置，向右移动复制到右侧门框，如图5-2-38所示。

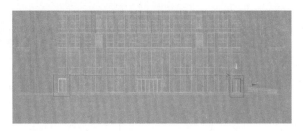

图 5-2-38　元素层级内复制门框到右侧

（12）使用二维线中的【Rectangle】（矩形）工具描出中间门框的轮廓，如图 5-2-39 所示。

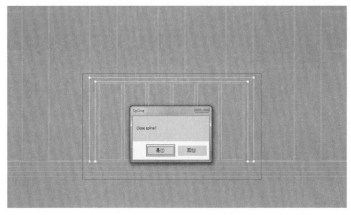

图 5-2-39　描出中间门框轮廓

（13）选中该二维图形，进入编辑面板，为其添加【Extrude】（挤出）修改器，将【Amount】（数量）值更改为 100mm，取消勾选【Capping】下的【Cap Start】（始端封口）复选框。

（14）切换到顶视图，选中刚才创建的门框，参照左侧门框的位置放好中间门框，如图 5-2-40 所示。

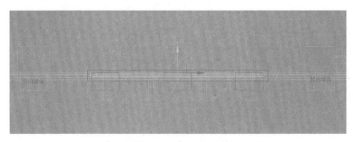

图 5-2-40　中间门框在平面上的正确位置

（15）选中刚才创建的门扇框架，单击主工具栏中的【Material Editor】（材质编辑器）按钮，选择"门框窗框"材质球，点击【Assign Material to Selection】（将材质指定给选定对象）按钮，给门扇框架赋予材质。

（16）由立面图可以看到门框内侧到门扇框架之间还有一部分，也是门框的组成部分，但是厚度不一样，所以我们需要单独创建。使用二维线中的【Rectangle】（矩形）工具描出左边此物体的轮廓，然后取消勾选创建面板二维线按钮下的【Start New Shape】（创建新图形）复选框，描出右边物体的轮廓，如图 5-2-41 所示。

图 5-2-41　描出轮廓

（17）选中该二维图形，进入编辑面板，为其添加【Extrude】（挤出）修改器，将【Amount】（数量）值更改为 80mm，取消勾选【Capping】下的【Cap Start】（始端封口）复选框。

（18）切换到顶视图，选中刚才创建的物体，将其放到门框中间的位置，如图 5-2-42 所示。

图 5-2-42　物体在平面上的正确位置

（19）选中刚才创建的物体，单击主工具栏中的【Material Editor】（材质编辑器）按钮，选择"门框窗框"材质球，点击【Assign Material to Selection】（将材质指定给选定对象）按钮，给物体赋予材质。

（20）创建好的 1 层门框和门扇如图 5-2-43 所示。

图 5-2-43　1层门模型制作完毕

7. 制作窗框

（1）南立面的窗框也处于一个平面，所以也可以一起制作。切换到前视图，使用二维线中的【Rectangle】（矩形）工具描出左侧门框上方的窗框外轮廓，然后取消勾选创建面板二维线按钮下的【Start New Shape】（创建新图形）复选框，描出窗框的内轮廓，如图 5-2-44 所示。

图 5-2-44　描出窗框轮廓

（2）选中该二维图形，进入编辑面板，为其添加【Extrude】（挤出）修改器，将【Amount】（数量）值更改为30mm，取消勾选【Capping】下的【Cap Start】（始端封口）复选框。

（3）在前视图中选中窗外框，点击右键，选择【Convert to】→【Convert to Editable Mesh】（转换为可编辑网格）；进入编辑面板，选择【Face】层级，选择窗框上方横向的面，捕捉窗框左上角并向下移动复制，如图5-2-45、图5-2-46所示。

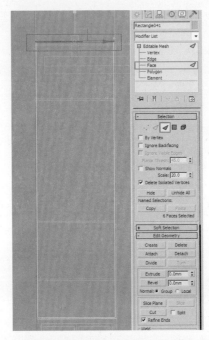

图 5-2-45 选择【Face】（面）层级后选中上方的面

图 5-2-46 向下移动复制到CAD底图上横框的位置

（4）进入编辑面板，选择【Vertex】（点）层级，选中复制出来的横向窗框元素两侧超出窗框内沿的点，将其移动至与窗框内沿一致，这样大一点的窗框也制作完毕了，如图5-2-47、图5-2-48所示。

图 5-2-47　移动左、右两侧的点使其与窗框内框对齐

图 5-2-48　调整好的两侧的点

（5）选择【Element】（元素）层级，选中复制出来的横向窗框，捕捉横向窗框左上角位置，向下移动复制，将此窗框内的横向窗框都复制出来，如图 5-2-49、图 5-2-50 所示。

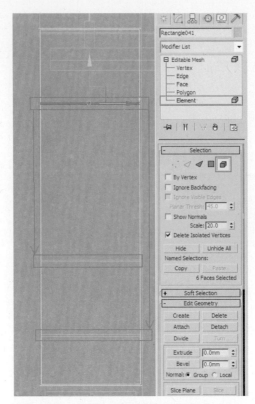

图 5-2-49　元素层级下复制横向窗框

图 5-2-50　复制好的窗框

（6）进入编辑面板，选择【Vertex】（点）层级，选中窗框上方的所有点，将其移动至 27 层窗框上沿，如图 5-2-51、图 5-2-52 所示。

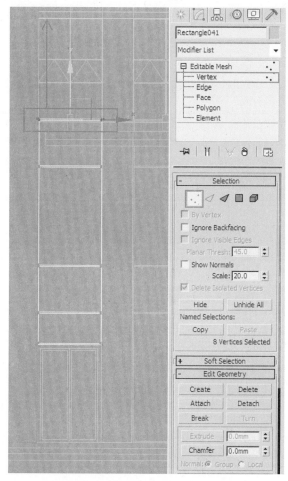

图 5-2-51 选中窗框上方的所有点

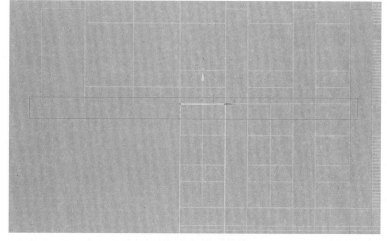

图 5-2-52 移动至 27 层窗框上沿

（7）进入编辑面板，选择【Face】层级，选择窗框右侧竖向的面，捕捉窗框右上角并向左移动复制到中间部分，如图 5-2-53、图 5-2-54 所示。

图 5-2-53　选中右侧的面

图 5-2-54　移动复制到中间

（8）进入编辑面板，选择【Vertex】（点）层级，选中复制出来的竖向窗框元素上端超出窗框内沿的点，将其移动至与窗框内沿一致；然后选中下端的点，移动至 CAD 图的正确位置，如图 5-2-55 ~ 图 5-2-57 所示。

图 5-2-55　移动左、右两侧的点使其与窗框内框对齐

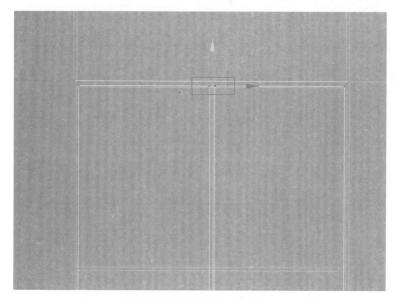

图 5-2-56　调整好上下两端的点

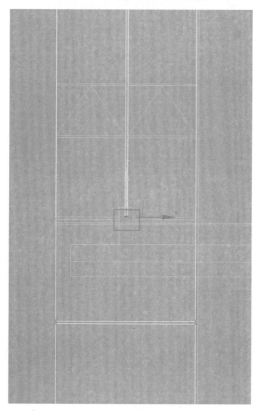

图 5-2-57　下端点的位置

（9）选择【Element】（元素）层级，选中横向窗框，捕捉横向窗框左上角位置，向上移动复制；切换到【Vertex】（点）层级，调整点的位置，使横向窗框的宽度与CAD底图适应；然后再切换到【Element】（元素）层级，将此3层窗框内的横向窗框都复制出来，如图5-2-58、图5-2-59所示。

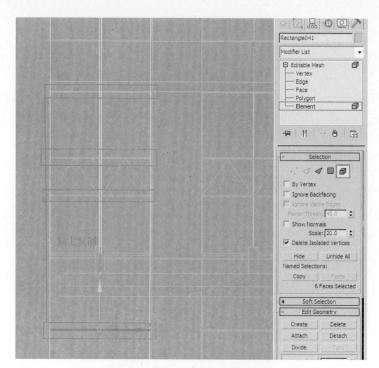

图 5-2-58　选中窗框元素向上复制

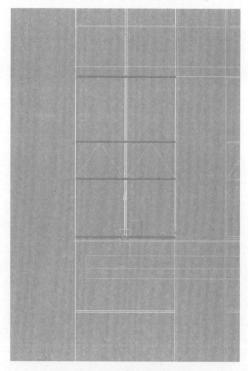

图 5-2-59　复制好的窗框元素

（10）在【Element】（元素）层级，选中 3 层所有横向窗框，捕捉横向窗框左下角位置，向上移动复制，将 4 层窗框内的横向窗框都复制出来，如图 5-2-60所示。

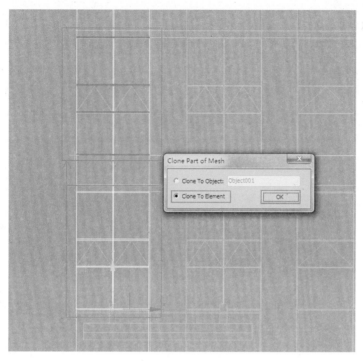

图 5-2-60 复制 3 层横向窗框元素

（11）按照上述步骤操作，在【Element】层级内一直复制到 27 层窗框，其中 18、27 层需要稍微调整横向窗框的位置，如图 5-2-61、图 5-2-62 所示。

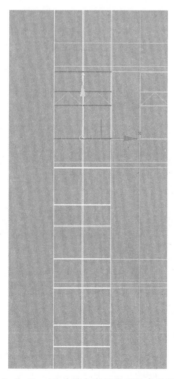

图 5-2-61 18 层横向窗框按 CAD 底图调整

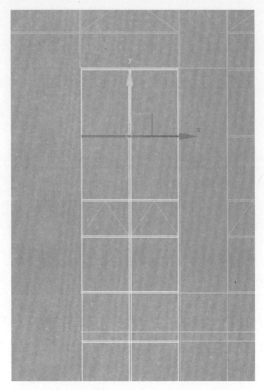

图 5-2-62　27 层只需要调整一根横向的窗框

（12）进入编辑面板，选择【Vertex】（点）层级，选中窗框物体右侧的所有点，将其移动至右侧 L 形墙的左沿，如图 5-2-63、图 5-2-64 所示。

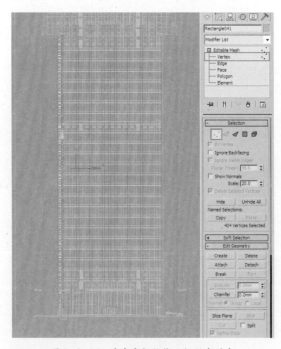

图 5-2-63　选中窗框物体右侧所有的点

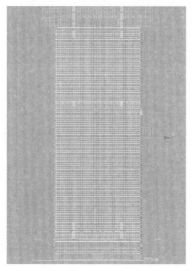

图 5-2-64　移动至L形墙左沿的位置

（13）刚才在制作竖向窗框的时候并没有调节其宽窄，现在我们需要进行调整并且复制。进入编辑面板，选择【Edge】（边）层级，选中复制出来的竖向窗框右边所有的边，将其移动至CAD底图的正确位置，如图5-2-65、图5-2-66所示。

图 5-2-65　选中要移动的所有边

图 5-2-66　移动对齐CAD底图位置

（14）选择【Element】（元素）层级，选中刚才调整的竖向窗框元素，捕捉竖向窗框左上角位置，向右移动复制到右侧。再按照此方法将南立面窗框内的竖向窗框都复制出来，通过进入【Vertex】（点）层级调整点位置来控制竖向窗框的长短，如图5-2-67、图5-2-68所示。

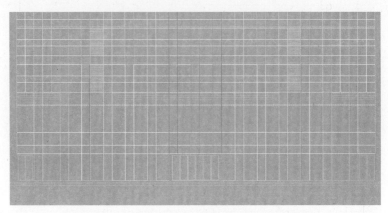

图 5-2-67　几处的竖向窗框的长度与其他地方不同

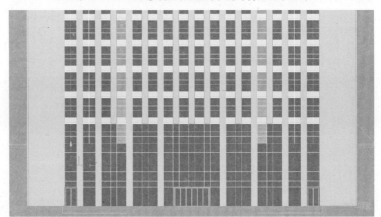

图 5-2-68　制作完毕的南立面1-27层窗框

（15）切换到顶视图，选中刚才创建的窗框，将其中心与玻璃中心在Y轴上对齐，如图5-2-69所示。

图 5-2-69　物体在平面上的正确位置

（16）选中刚才创建的物体，单击主工具栏中的【Material Editor】（材质编辑器）按钮，选择"门框窗框"材质球，点击【Assign Material to Selection】（将材质指定给选定对象）按钮，赋予物体材质。

8. 制作格栅

（1）格栅的制作方法比较简单，这里就不再赘述了。制作好之后赋予其材质并编组，然后在顶视图上将其移动至正确位置。

（2）选中格栅组，捕捉格栅左下角位置，向上移动复制，会弹出【Clone Options】（克隆选项）的对话框。选择【Copy】（复制）方式，将【Number of Copies】（复制数量）改为14，点击【OK】确认操作，然后取消锁定命令，如图5-2-70、图5-2-71所示。

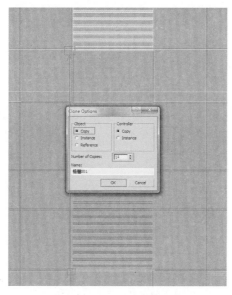

图 5-2-70　向上复制格栅组

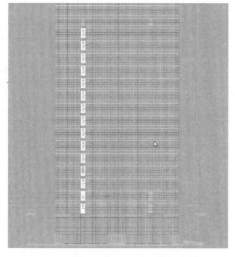

图 5-2-71　复制到17层的格栅组

（3）由于18层的层高偏低，所以格栅组也要做相应调整。复制一个格栅组到18层，然后进入编辑面板，为其添加【Edit Mesh】（编辑网格）修改器。选择【Element】（元素）层级，删除多余的格栅板，然后进入【Vertex】（点）层级，调整格栅框架的点使其适应CAD底图大小。调整完毕后点击右键，选择【Convert to】→【Convert to Editable Mesh】（转换为可编辑网格），结束修改，如图5-2-72、图5-2-73所示。

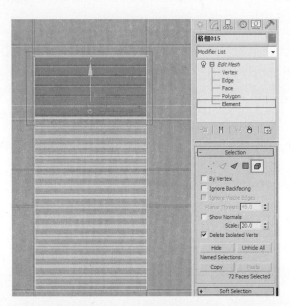

图5-2-72 添加【Edit mesh】修改器并选中多余的格栅板元素删除

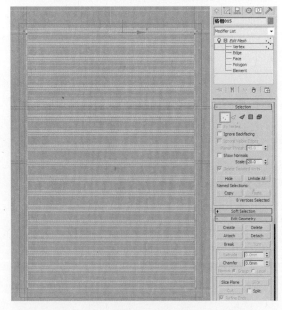

图5-2-73 调整格栅框架的点使其适应CAD底图大小

（4）参照上一小节步骤（12），将19~27层的格栅组复制好。由于27层的层高要高一些，所以也需要用步骤（13）的方法对其进行调整。复制好的左侧格栅如图 5-2-74 所示。

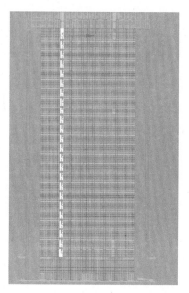

图 5-2-74　复制好的左侧格栅

（5）选中左侧所有格栅，捕捉格栅左下角位置，向右移动复制到右侧格栅
位置，复制好的结果如图 5-2-75 所示。

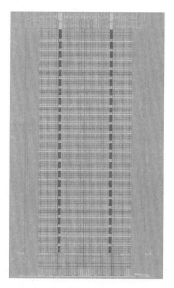

图 5-2-75　复制好的右侧格栅

9. 制作雨棚

（1）该建筑主要入口处都有雨棚，必须制作出来。由于雨棚在 CAD 图上
表示得不合理，所以 CAD 图只能作为参考。另外，雨棚相对而言不是表现的重
点，可以制作得简单一些。在右视图中使用二维线中的【Rectangle】（矩形）
工具描出雨棚支架的轮廓，然后取消勾选创建面板中二维线按钮下的【Start New

Shape】（创建新图形）复选框，继续使用【Circle】（圆形）描出支架内部的镂空的装饰孔，如图 5-2-76 所示。

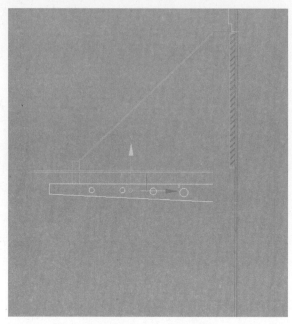

图 5-2-76　描出支架的轮廓

（2）选中该二维图形，进入编辑面板，为其添加【Extrude】（挤出）修改器，将【Amount】（数量）值更改为 20mm。

（3）切换到前视图，选中刚才创建的支架，将其移动至正确位置，如图 5-2-77 所示。

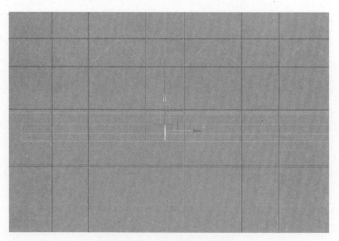

图 5-2-77　支架的正确位置

（4）参照 5.2.2 节中的方法创建不锈钢材质，并将其赋给刚才创建的模型物体。

（5）在前视图中描出支架上方节点的轮廓，添加【Extrude】（挤出）修改器，将【Amount】（数量）值更改为150mm；切换到右视图，将其移动到正确的位置，并为其赋予不锈钢材质，如图5-2-78、图5-2-79所示。

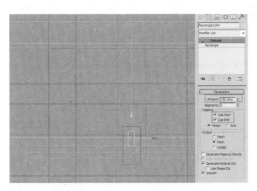

图 5-2-78　描出轮廓并挤出

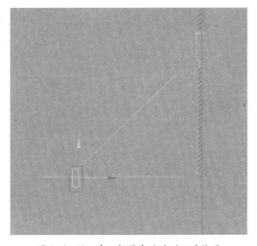

图 5-2-79　在右视图中移动到正确位置

（6）切换到右视图，使用二维线中的【Line】（直线）工具描出钢缆的形态，如图5-2-80所示。

图 5-2-80　创建钢缆

（7）进入编辑面板，展开【Rendering】（渲染）卷展栏，勾选【Enable In Renderer】（渲染可见）和【Enable In Viewport（视图可见）复选框，选择【Radial】（圆形）截面，【Thickness】值设为 20mm，【Sides】值设为 8，【Angle】值设为 0，如图 5-2-81 所示。

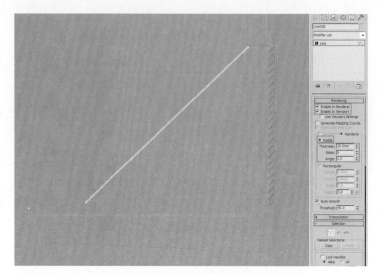

图 5-2-81　为二维线添加可渲染属性

（8）添加【Edit Mesh】（编辑网格）修改器，使二维线具有三维属性，并进入【Vertex】（点）层级调整点的位置，使其与右视图中的位置一致，如图 5-2-82 所示。

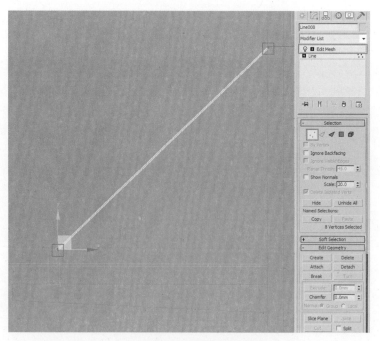

图 5-2-82　将二维属性变为三维

（9）切换到前视图，将其移动到正确位置，并为其赋予不锈钢材质，如图5-2-83所示。

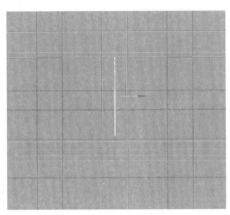

图 5-2-83　在前视图的正确位置

（10）在前视图中描出钢缆圆扣的轮廓，添加【Extrude】（挤出）修改器，将【Amount】（数量）值更改为20mm。取消勾选【Capping】下的【Cap Start】（始端封口）复选框。分别在前视图和右视图中将其移动到正确的位置，并为其赋予不锈钢材质，如图5-2-84、图5-2-85所示。CAD原图上的位置不需要考虑，只参考大小即可。

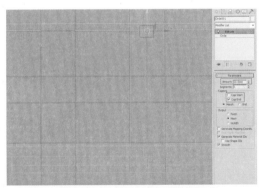

图 5-2-84　前视图的正确位置

图 5-2-85　右视图的正确位置

（11）切换到前视图，选中支架、节点、钢缆、圆扣，然后向右移动复制到右侧的位置，如图 5-2-86 所示。

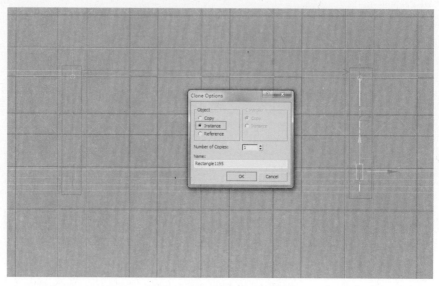

图 5-2-86　选中物体向右复制

（12）切换到前视图，使用二维线中的【Rectangle】（矩形）工具描出雨棚玻璃的轮廓，如图 5-2-87 所示。

图 5-2-87　雨棚玻璃的轮廓

（13）选中该二维图形，进入编辑面板，为其添加【Extrude】（挤出）修改器，将【Amount】（数量）值更改为 4000mm，取消勾选【Capping】下的【Cap Start】（始端封口）复选框。

（14）分别在前视图和右视图中调整雨棚玻璃的位置，如图 5-2-88、图 5-2-89 所示。

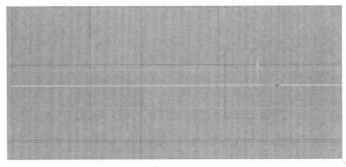

图 5-2-88　雨棚玻璃在 Front 视图上的位置

图 5-2-89　雨棚玻璃在 Right 视图上的位置

（15）参照5.2.2节中的方法创建雨棚玻璃材质，并赋给刚才创建的模型物体。

（16）选中刚才创建的雨棚玻璃、支架、节点、钢缆、圆扣等物体，点击菜单栏【Group】（组）→【Group】（编组），将其编成一个组，命名为"雨棚"，如图 5-2-90 所示。

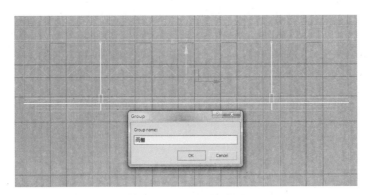

图 5-2-90　将创建的物体编组

（17）参照上述操作将两侧同样的雨棚制作出来。

10. 制作 28 ~ 31 层南立面

（1）切换到右视图观察 28 层立面，可以发现墙体的进深不够，所以需要对其进行调节。在顶视图中选中从 1 层开始一直到 27 层的任意一个竖向墙体，进入编辑面板，选择【Vertex】（点）层级，选中该墙体上方所有的点；切换到右视图，将选中的点移动到 CAD 底图的正确位置，如图 5-2-91、图 5-2-92 所示。

图 5-2-91　在顶视图中选中竖向墙体物体上方的所有点

图 5-2-92　在右视图中移动点到右侧

（2）切换到前视图，选中从 3 层开始到 27 层的所有竖向墙体，点击右键，选择【Convert to】→【Convert to Editable Mesh】（转换为可编辑网格），如图 5-2-93 所示。

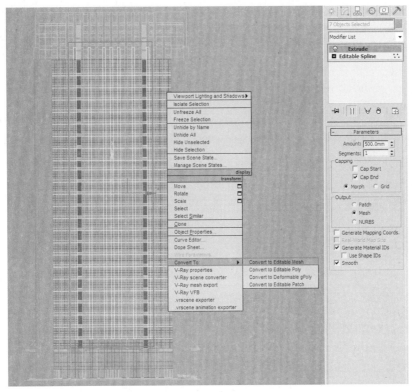

图 5-2-93 选中 3 层到 27 层的竖向墙体

（3）参照步骤（1）在右视图中将 3~27 层的所有竖向墙体的进深调整到与 CAD 底图一致，如图 5-2-94 所示。

图 5-2-94 南立面竖向墙体都是一样的进深

（4）制作 28~29 层竖向墙体。切换到前视图，使用二维线中的【Rectangle】（矩形）工具描出 28~29 层竖向墙体的轮廓，为其添加【Extrude】（挤出）修改器，将【Amount】（数量）值更改为 500mm，取消勾选【Capping】下的【Cap Start】（始端封口）复选框，如图 5-2-95 所示。

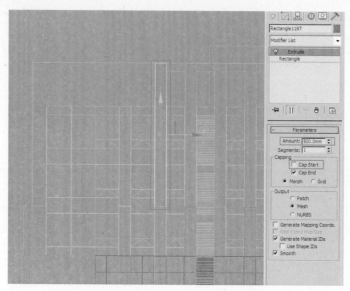

图 5-2-95　描出其中一段石材柱体的轮廓并挤出

（5）在前视图中选中创建的墙体，点击右键，选择【Convert to】→【Convert to Editable Mesh】（转换为可编辑网格），再选择【Vertex】（点）层级；切换到顶视图，选中物体上方所有的点；切换到右视图，将这些点向右移动至正确位置，如图 5-2-96 所示。

图 5-2-96　调整两侧的点使其适应 CAD 底图

（6）选中28~29层竖向墙体，单击主工具栏中的【Material Editor】材质编辑器）按钮，选择"石材饰面"材质球，点击【Assign Material to Selection】（将材质指定给选定对象）按钮，给物体赋予材质。

（7）选中刚才创建的竖向墙体，捕捉墙体左上角位置，向右移动复制，会弹出【Clone Options】（克隆选项）的对话框。选择【Instance】（关联）方式，将【Number of Copies】（复制数量）改为 12，点击【OK】确认操作，然后取消锁定命令，如图 5-2-97 所示。

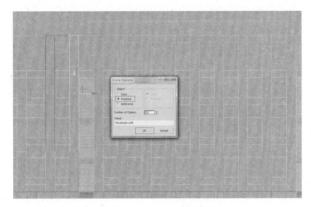

图 5-2-97　向右移动复制

（8）28~29 层玻璃幕墙同样可以分成 3 部分，即左侧、中间和右侧，也是通过格栅来进行分割。切换到前视图，使用二维线中的【Rectangle】（矩形）工具描出 28~29 层左侧玻璃的轮廓，点击右键，选择【Convert to】→【Convert to Editable Mesh】（转换为可编辑网格），为其赋予玻璃材质，如图 5-2-98 所示。

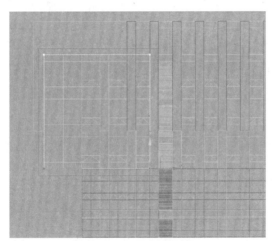

图 5-2-98　左侧玻璃的轮廓

（9）进入编辑面板，选择【Element】（元素）层级，选中玻璃元素，将其移动复制到中间部分，然后进入【Vertex】（点）层级，将其右边的点移动到 CAD 底图的正确位置，如图 5-2-99、图 5-2-100 所示。

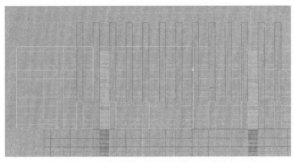

图 5-2-99　元素层级下复制完毕之后选中右侧点

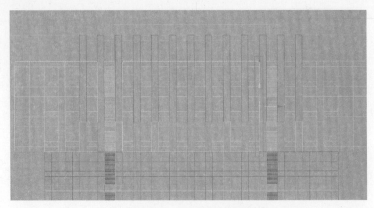

图 5-2-100　右侧点的正确位置

（10）在【Element】（元素）层级下，将左侧玻璃元素复制到右侧，如图5-2-101所示。

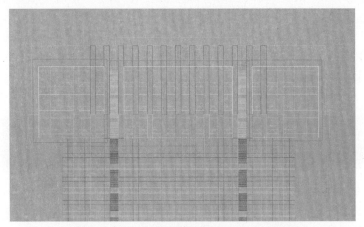

图 5-2-101　在元素层级下复制玻璃元素到右侧

（11）切换到右视图，将刚才创建的玻璃移动到正确位置，如图5-2-102所示。

图 5-2-102　28～29层玻璃在右视图上的正确位置

（12）参照 5.2.2 节第 7 小节的方法将 28 ~ 29 层的窗框制作出来，赋予门框窗框材质，并且在右视图中移动到正确位置，如图 5-2-103、图 5-2-104 所示。

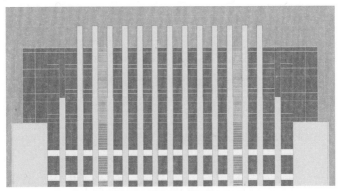

图 5-2-103　窗框在右视图中的位置

图 5-2-104　右视图中窗的正确位置

（13）参照 5.2.2 节第 8 小节的方法将 28 ~ 29 层的格栅全部制作出来，赋予格栅材质，并在前视图和右视图中将其移动到正确位置，如图 5-2-105、图 5-2-106 所示。

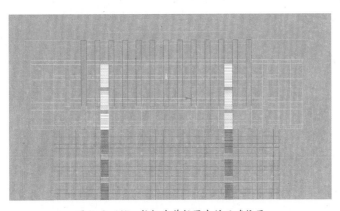

图 5-2-105　格栅在前视图中的正确位置

图 5-2-106　格栅在右视图中的正确位置

（14）创建完28~29层格栅之后会发现格栅与格栅之间空着一块，这里也是玻璃，需要手动补全。在前视图中用【Rectangle】（矩形）描出轮廓之后，点击右键，选择【Convert to】→【Convert to Editable Mesh】（转换为可编辑网格）。在【Element】（元素）层级将其全部复制完毕之后，为其赋予玻璃材质。切换到右视图，将其移动到跟之前的28~29层玻璃一样的位置，如图5-2-107至图5-2-109所示。

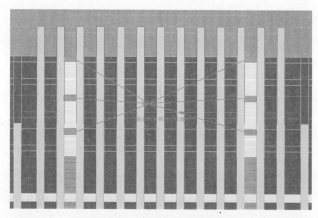

图 5-2-107　需要制作玻璃的位置

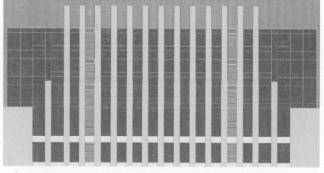

图 5-2-108　在元素层级下复制

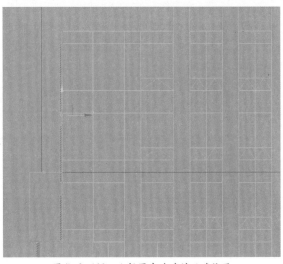

图 5-2-109　右视图中玻璃的正确位置

（15）创建 30~31 层的模型。由于 30 层位置太高，从照相机的角度几乎看不到，所以可以制作得简单一些，以提高制作和渲染速度。在 1 层平面图中找不到 30 层楼体的位置，所以我们需要参照 30 层平面；而 31 层与 30 层在平面上基本一致，所以可以直接使用 30 层平面来一起制作。打开图层管理器，显示 30 层平面。

（16）切换到顶视图，使用二维线中的【Rectangle】（矩形）工具描出 30 层平面墙体外轮廓。为了制作方便，所以仅仅描出一个外轮廓即可，如图 5-2-110 所示。

图 5-2-110　描出 30 层墙体的轮廓

（17）选中该二维图形，进入编辑面板，为其添加【Extrude】（挤出）修改器，将【Amount】（数量）值更改为 4200mm，取消勾选【Capping】下的【Cap Start】（始端封口）复选框。

（18）切换到前视图，选中刚才创建的 30 层模型，将其放到 CAD 底图的位置，如图 5-2-111 所示。

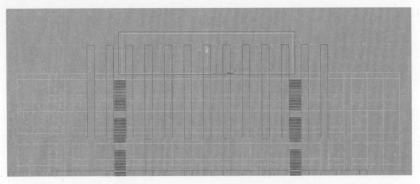

图 5-2-111 30 ～ 31 层建筑正确位置

（19）选中刚才创建的 30-31 层楼体模型，单击主工具栏中的【Material Editor】（材质编辑器）按钮，选择"石材饰面"材质球，点击【Assign Material to Selection】（将材质指定给选定对象）按钮，给楼体赋予材质。

5.2.3　制作楼体顶面和地面

1. 制作楼体顶面

（1）需要制作的楼体顶面有 2 个，一个 27 层的顶面，一个是 29 层的顶面。楼体的顶面部分是玻璃结构和钢混结构，但是由于钢混结构是看不到的，一般能直接看到的只有玻璃结构，所以我们直接将顶面都制作为玻璃材质的。切换到顶视图，使用二维线中的【Line】（直线）工具参照 1 层平面底图描出 27 层顶面的轮廓，如图 5-2-112 所示。

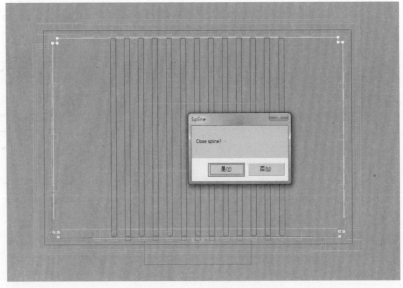

图 5-2-112　描出 27 层顶面轮廓

（2）选中创建的顶面图形，点击右键，选择【Convert to】→【Convert to Editable Mesh】（转换为可编辑网格），如图 5-2-113 所示。

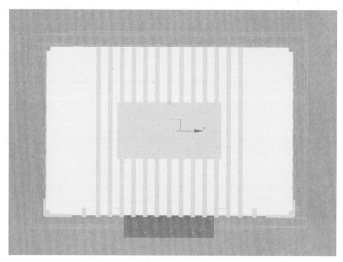

图 5-2-113　将27层顶面转换为网格

（3）切换到前视图，选中刚才创建的玻璃，按照 CAD 南立面底图的位置将其放好，如图 5-2-114 所示。

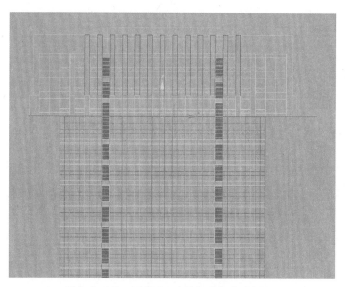

图 5-2-114　27层顶面在前视图中的正确位置

（4）选中刚才创建的27层顶面的模型，单击主工具栏中的【Material Editor】（材质编辑器）按钮，选择"玻璃"材质球，点击【Assign Material to Selection】（将材质指定给选定对象）按钮，给顶面赋予材质。

（5）参照步骤（1）~（4），将29层顶面的模型创建出来并移动到正确的位置，然后赋予玻璃材质，如图 5-2-115、图 5-2-116 所示。

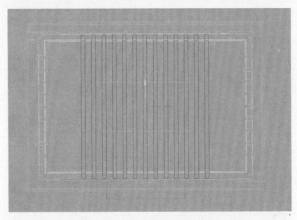

图 5-2-115　29 层顶面的轮廓

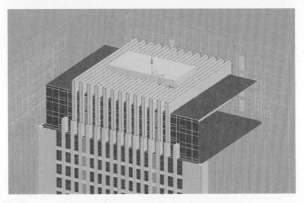

图 5-2-116　29 层顶面放好的位置

2. 制作台阶

（1）根据工程需求，在 1 层平面图中看到的无障碍坡道位置有变更，在效果图中无须表示，只需全部表现为台阶，所以我们直接制作台阶即可。切换到顶视图，使用二维线中的【Rectangle】（矩形）工具描出台阶外轮廓，如图 5-2-117 所示。

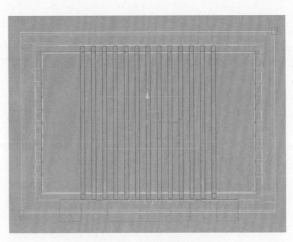

图 5-2-117　描出台阶的轮廓

（2）切换到前视图，使用二维线中的【Line】（直线）工具描出台阶的截面，如图 5-2-118 所示。

图 5-2-118 描出台阶的截面

（3）选中在顶视图中的矩形台阶轮廓，进入编辑面板，为其添加【Bevel Profile】（轮廓倒角）修改器。点击【Pick Profile】（拾取截面）按钮，选中在前视图中创建的台阶截面，生成台阶物体，如图 5-2-119 所示。

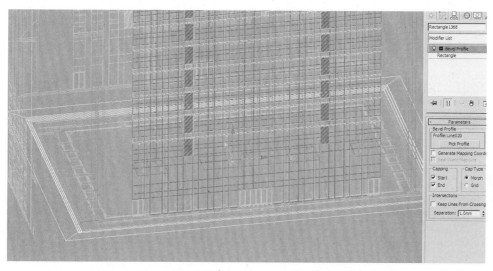

图 5-2-119 为台阶轮廓添加【Bevel Profile】（轮廓倒角）修改器

（4）我们可以看到生成的台阶物体是反向的。进入编辑面板，激活【Bevel Profile】子层级，切换到前视图，使用旋转工具，在旋转按钮上点击右键，打开变形输入框，在【Offset】（偏移值）下的 Y 轴栏输入 180，按回车键确定，如图 5-2-120、图 5-2-121 所示。

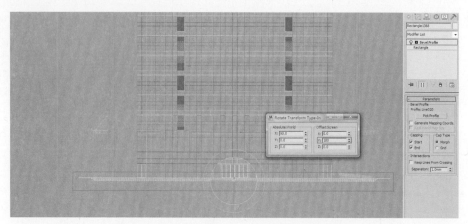

图 5-2-120　激活【Bevel Profile】修改器子层级旋转

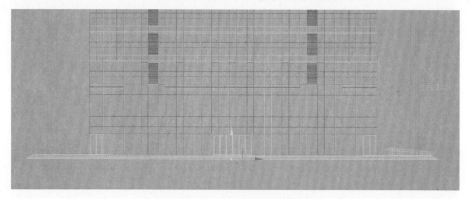

图 5-2-121　旋转完毕的台阶物体

（5）选中台阶，点击右键，选择【Convert to】→【Convert to Editable Mesh】（转换为可编辑网格），然后将台阶截面图形删除，如图 5-2-122 所示。

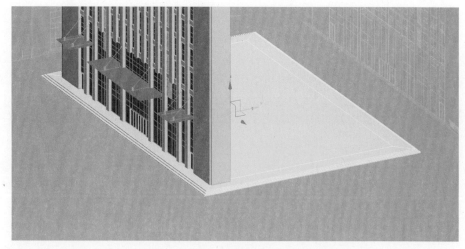

图 5-2-122　将台阶物体变为网格

（6）参照 5.2.2 节第 1 小节的步骤（6）创建台阶材质，并将其赋给刚才创建的模型物体。

5.2.4 制作东立面

由于东立面与南立面的结构基本一样，制作起来也没有技术上的难点，只是宽度不一致，所以本书在此就不赘述了。大家可以参照南立面的制作方法，将东立面制作出来。东立面制作完毕之后，本案例的模型部分就完成了，如图 5-2-123 所示。

图 5-2-123　模型完成图

5.3　渲染阶段

5.3.1　细化场景

1. 合并配景

在进行灯光设置之前，场景中只有一个建筑存在，所以需要对其周围环境进行细化、丰富。由于细化场景的工作主要是摄像机的摆放和场景细节的添加（例如添加街道、路灯、树木、人物等等），所以本书就不做过多的描述，直接使用创建完毕的配景文件。打开本书配套光盘中的"第 4 章 高层建筑场景 /Scenes/ 高层 – 建筑模型完成 .MAX"文件，点击菜单栏 3DS 按钮，再点击【Import】（导入）右侧箭头，选择【Merge】（合并），在弹出的【Merge File】（合并文件）窗口中选择随书配套光盘中的"第 4 章 高层建筑场景 /Scenes/ 高层 – 摄像机和配景 .MAX"文件，点击【Open】（打开），如图 5-3-1 所示。

图 5-3-1　选择摄像机和配景文件打开

　　选择打开之后会弹出一个对话框，提示用户选择想要【Merge】（合并）进去的物体。选择"All"，将所有的物体合并到场景中去，就会得到一个完整的场景。在合并的过程中会弹出【Duplicate Material Name】（重复的材质名称）对话框，说明要合并进来的模型使用的材质与场景中的材质重名了。本场景中的"门框窗框"材质与配景中的"门框窗框"材质重名。打开配景的 MAX 文件可以知道使用门框窗框材质的是配楼，所以我们可以使用一个材质。在这个对话框中勾选【Apply to All Duplicate】（应用于所有重名），最后点击【Use Scene Material】（使用场景中的材质），这样配楼的窗框与场景中的主建筑的窗框就使用了一个材质球，此时按【C】键就可以显示相机视图，如图 5-3-2、图 5-3-3 所示。

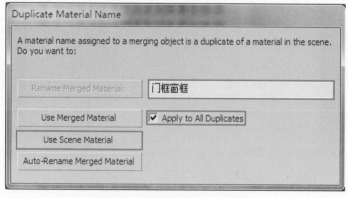

图 5-3-2　对重名的材质进行调整

图 5-3-3 合并完成的场景

现在点击渲染设置按钮![icon]，进入渲染设置面板。在【Common】（常见）标签下，将【Area to Render】（渲染区域）改为【Blowup】（放大渲染），然后将【Output Size】（输出尺寸）中的【Width】（宽度）值改为 1000 像素，【Height】（高度）值改为 1414 像素，并且点击下面的【Image Aspect】（图像比例）的锁定按钮，将设置的比例锁定，如图 5-3-4 所示。

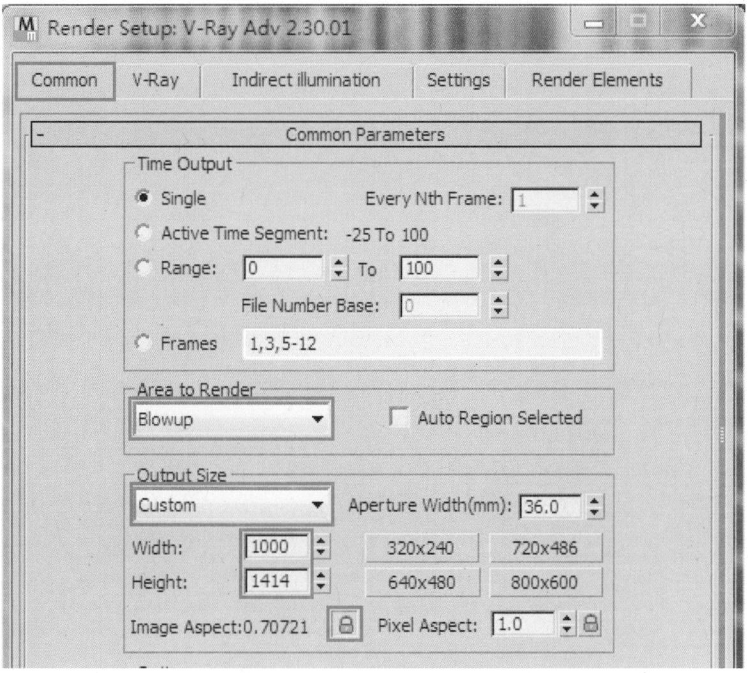

图 5-3-4 设置渲染的比例

点击【Rendered Frame Window】（渲染帧缓存窗口），在【Area to Render】（渲染区域）下选择【Blowup】（放大渲染），点击旁边的【Edit Region】（编辑区域）按钮，然后在【Camera】（相机）视图对选区进行调整，如图 5-3-5 所示。

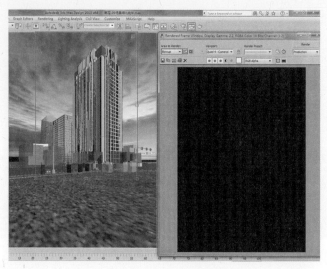

图 5-3-5　调整渲染区域

2. 配置贴图和 VRmesh 文件路径

本章的贴图路径为随书配套光盘中的"第 5 章 贴图"文件夹，VRmesh 文件路径为随书配套光盘中的"第 5 章 模型 /VRaymesh"文件夹。

读者在将素材文件放入自己的计算机时，会造成路径改变，使得软件不能正确地读入贴图。这个时候需要自行配置贴图路径，具体操作步骤如下：

（1）点击菜单栏【Customize】(自定义)→【Configure User Paths】(设置用户路径)，在弹出的【Configure User Paths】(设置用户路径)对话框中，选择【External Files】(外部文件)标签，点击【ADD】（添加）按钮，如图 5-3-6、图 5-3-7 所示。

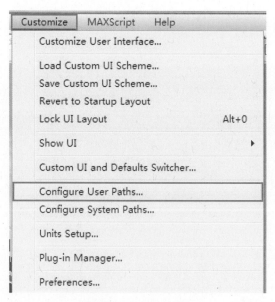

图 5-3-6　设置用户路径

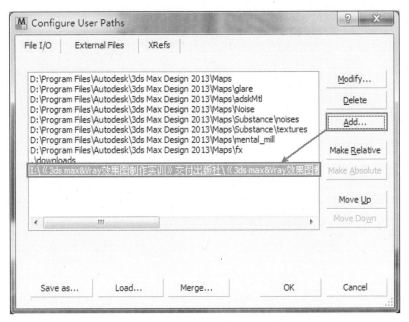

图 5-3-7　指定 MAP 所在文件夹

（2）在弹出的【Choose New External Files Path】（选择新位图路径）窗口中查找路径。如果此路径中包含子目录，则需要勾选【Add Subpaths】（添加子路径）。点击【Use Paths】（使用路径），指定新的贴图路径，如图 5-3-8 所示。

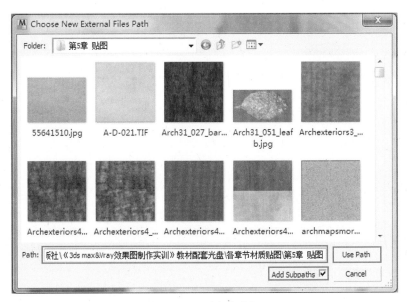

图 5-3-8　选择新路径

（3）配置完路径之后我们还需要对贴图进行检查，确认是否因为程序问题而导致丢失贴图。在标准工具栏选择【Utilities】（工具）面板，点击下面的【More】（更多）按钮，在弹出的工具对话框中选择【Bitmap/Photometric Paths】（位图 / 光度学路径编辑），点击【OK】，如图 5-3-9 所示。

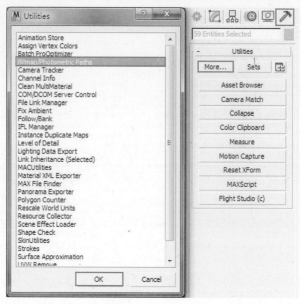

图 5-3-9　使用【Bitmap/Photometric Paths】编辑路径

（4）在弹出的卷展栏中点击【Edit Resources】（编辑资源）按钮，打开【Bitmap/ Photometric Paths Editor】（位图 / 光度学路径编辑器），点击【Select Missing Files】（选择丢失的文件）按钮。如果场景中有丢失的贴图，会在列表中用蓝色高亮显示；如果没有丢失的文件，则列表没有变化，如图5-3-10、图5-3-11所示。

图 5-3-10　点击 Edit Resources

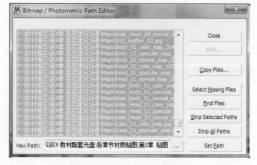

图 5-3-11　寻找丢失的文件

（5）当有用蓝色高亮显示的文件名称出现时，点击浏览按钮 ┈ ，查找到贴图所在路径后点击【Use Path】（使用路径）按钮，再回到编辑器中点击【Set Paths】（设置路径）按钮，如图 5-3-12 所示。

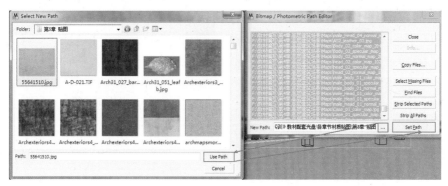

图 5-3-12　为丢失的文件设置路径

（6）如果此时还有用高亮显示的文件，说明此贴图依然不在刚才设置的文件路径中，需要重新指定。

3. 配置 VRmesh 文件路径

　　VRmesh 文件是在 VRay 渲染器下使用 VRay Proxy 工具生成的代理物体文件，可以让 3ds Max 在渲染时从外部文件导入网格物体，这样就可以在操作过程中节省大量的时间。制作建筑场景时需要很多高精度的树模型、交通工具模型、人物模型，而在制作过程中过多高精度模型会占用大量系统资源，导致在制作过程中出现操作视图延迟或无法渲染、自动弹出等现象。这种情况下我们可以将这些高精度模型导出为 VRay 代理物体（VRmesh 文件），此时场景中的模型只是外部模型的一个代理物体，只有很少的面数，不占用资源。利用 VRay 代理我们可以制作出几百万甚至上千万面的远远超出 3ds Max 软件本身承受范围的场景，并且还可以加快制作速度，避免因为面数过多出现的各种问题。但是由于 VRmesh 文件是外部文件，所以当 MAX 文件转移之后，VRmesh 文件的路径就会发生改变，这时我们就需要手动来给场景中的 VRay 代理物体指定 VRmesh 文件的路径。具体操作步骤如下：

　　（1）点击菜单栏 3DS 按钮 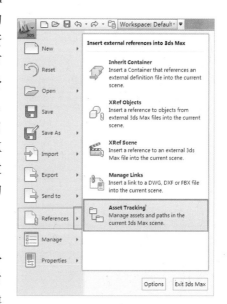 →【References】（参照）右侧的箭头，点击【Asset Tracking】（资源追踪），进入【Asset Tracking】（资源追踪）面板，如图 5-3-13 所示。

图 5-3-13　点击 Asset Tracking（资源追踪）

（2）在面板中点击左上角的刷新按钮，在下面的列表中会显示当前场景中所有的外部资源。【Maps/Shaders】列表显示场景中所应用的贴图文件及路径，【External Files】列表显示场景中应用的外部文件及路径，如图 5-3-14 ~ 5-3-16所示。

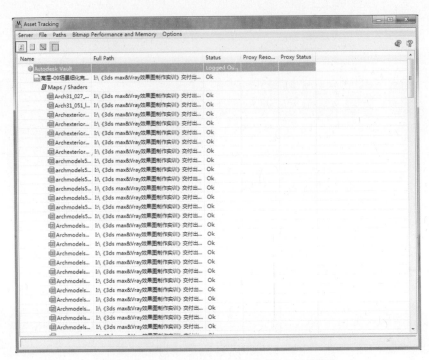

图 5-3-14　点击刷新按钮显示场景中所应用的资源

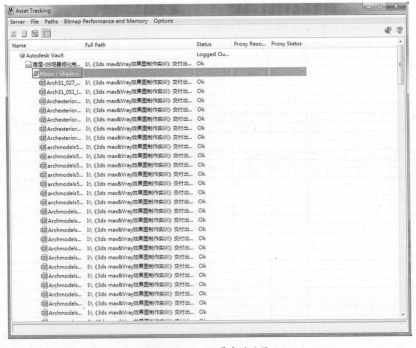

图 5-3-15　场景中的贴图

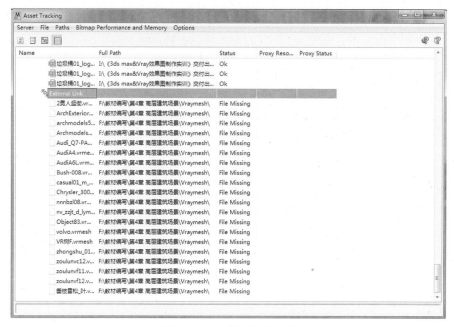

图 5-3-16　场景中的外部文件

（3）当场景中的外部路径出现问题时，文件名前面的图标会变成半透明状，而后面的【Status】（属性）栏会显示【File Missing】（文件丢失），如图5-3-17所示。

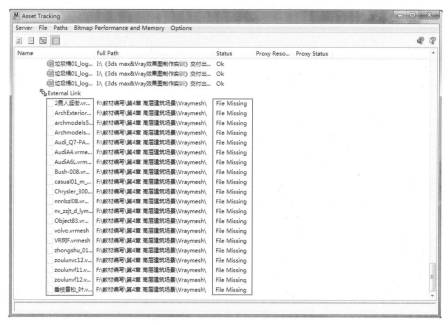

图 5-3-17　丢失路径的文件

（4）选中丢失路径的文件，点击右键，选择【Set Path】（设置路径），为其指定正确的路径，如图5-3-18、图5-3-19所示。

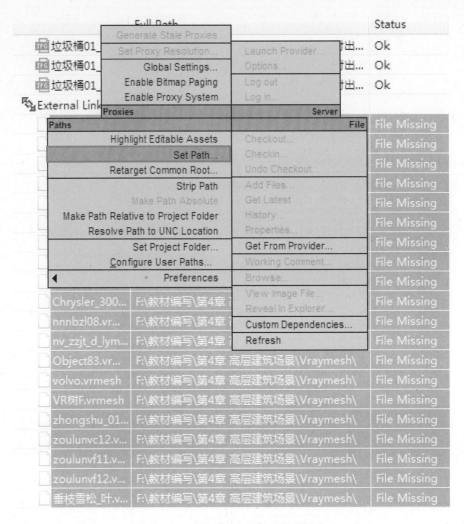

图 5-3-18　点击【Set Path】（设置路径）

图 5-3-19　选择正确路径之后点击【OK】

（5）这样场景中的 VRmesh 文件路径也就设置完毕了。在场景中，VRmesh
文件在编辑面板的堆栈中显示为【Object】（物体）。可以在编辑面板中更改
VRay 代理物体的显示方式，通常显示 BOX 形态更节省资源，如图 5-3-20、图
5-3-21 所示。

图 5-3-20　代理物体在堆栈中显示为【Object】（物体）

图 5-3-21　此处的 BOX 即为代理物体

5.3.2　材质设置

配景中的材质种类太多，而且大部分为导入模型，材质均已经调节好，所以在此我们不需要进行设置。这里主要对建筑及周围地面进行材质调节。本章用到的贴图均存放在随书配套光盘的"第5章 贴图"文件夹。

1. 石材饰面材质

材质特点：常见的花岗岩，有微弱的反射效果，有模糊高光。

材质设置过程：

（1）按【M】键打开【Material Editor】（材质编辑器），找到"石材饰面"的材质球，将其材质类型由【Standard】转换为【VRayMtl】。点击【Diffuse】（固有色）右侧的按钮，选择【Bitmap】（位图），点击【OK】，为其添加一张花岗岩的贴图，如图 5-3-22、图 5-3-23 所示。

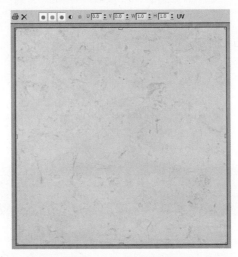

图 5-3-22　花岗岩贴图

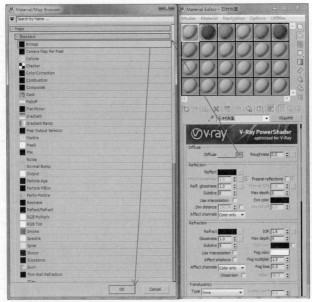

图 5-3-23　为材质【Diffuse】通道添加贴图

（2）点击展开【Maps】（贴图）卷展栏，点击【Diffuse】（固有色）通道后的贴图，展开【Coordinates】卷展栏，将【Blur】（模糊）值改为 0.5，使其更加清晰，如图 5-3-24、图 5-3-25 所示。

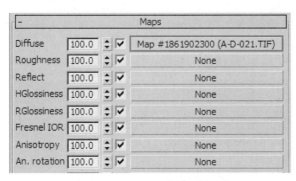

图 5-3-24　点击【Diffuse】通道的贴图

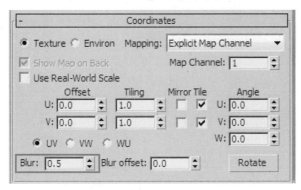

图 5-3-25　将【Blur】值改为 0.5

（3）为了模拟花岗岩拼缝的凹凸效果，需要在【Bump】（凹凸）通道中添加一张同样的花岗岩的贴图。左键点住【Diffuse】通道的贴图按钮不放，向下拖拽到【Bump】通道放开，在弹出的对话框中选择【Instance】（关联）方式复制贴图，并设置【Bump】强度为 30，如图 5-3-26 所示。

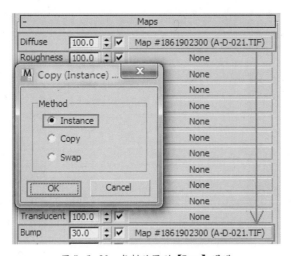

图 5-3-26　复制贴图到【Bump】通道

（4）通过按材质选择的方式选择场景中所有应用花岗岩贴图的物体，然后切换到编辑面板分别为这些物体添加【UVW Mapping】修改器，并将【Mapping】下的贴图方式选择为 Box，调整【Length】（长度）、【Width】（宽度）、【Height】（高度）为 800mm、810mm、800mm，如图 5-3-27 所示。

图 5-3-27　给物体添加【UVW Mapping】修改器

（5）选中添加【UVW Mapping】修改器的物体，激活【UVW Mapping】子层级，在顶视图和前视图中将【UVW Maping】的坐标调整到物体的上端，如图 5-3-28 所示。

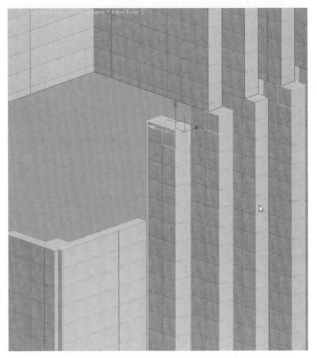

图 5-3-28 【UVW Mapping】坐标位置

（6）按照步骤（5）对所有应用花岗岩贴图的物体都添加同样的【UVW Mapping】修改器，并调整其坐标，使其适应物体的形态，如图 5-3-29 ~ 5-3-31 所示。

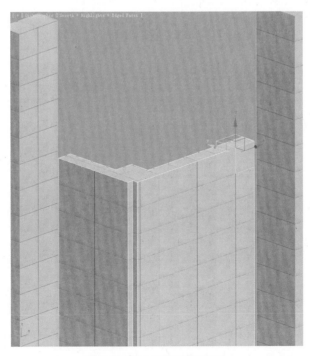

图 5-3-29　L 形墙的 UVW 坐标

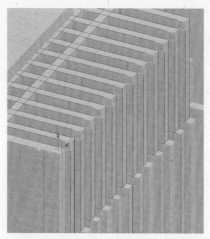

图 5—3—30　28 ~ 29 层竖向墙体的 UVW 坐标

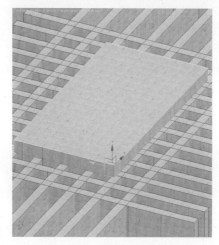

图 5—3—31　顶层的 UVW 坐标

（7）将材质面板中【Reflection】下的【Reflect】颜色调整为 R=20、G=20、B=20，并将【Hilight Glossiness】值设置为 0.6，【Refl. glossiness】值设置为 0.8，如图 5—3—32 所示。

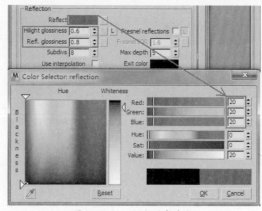

图 5—3—32　调整反射参数

（8）设置完的石材饰面材质球效果如图 5-3-33 所示。

图 5-3-33　石材饰面材质球效果

2. 玻璃材质

材质特点：透明，带有明显的反射效果。

材质设置流程：

（1）按【M】键打开【Material Editor】（材质编辑器），选择玻璃材质球，将【Diffuse】的颜色设置为 R=14、G=23、B=25，如图 5-3-34 所示。

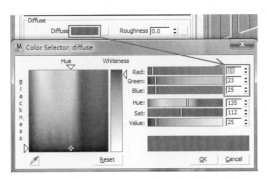

图 5-3-34　【Diffuse】颜色设置

（2）在【Reflection】下将【Reflect】的颜色设置为 R=125、G=125、B=125，使玻璃材质具有反射效果，如图 5-3-35 所示。

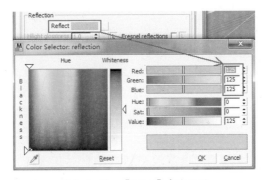

图 5-3-35　【Reflect】颜色设置

（3）在【Refraction】下将【Refract】的颜色设置为 R=80、G=80、B=80，使玻璃材质具有半透明效果，如图 5-3-36 所示。

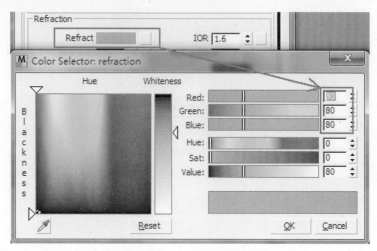

图 5-3-36　【Refract】颜色设置

（4）设置完的玻璃材质球如图 5-3-37 所示。

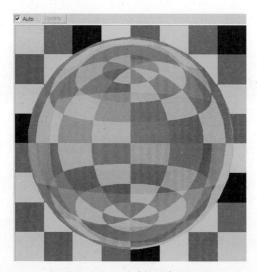

图 5-3-37　玻璃材质球效果

3. 窗框材质

材质特点：冷灰色的铝材质。

材质设置流程：

（1）按【M】键打开【Material Editor】（材质编辑器），选择窗框材质球，将【Diffuse】的颜色设置为 R=63、G=85、B=100。由于窗框在场景中所占面积很小而且属于远景，所以不考虑其反射特性，只对其高光光泽度进行调整。在【Reflection】下将【Hilight glossiness】值改为 0.75，如图 5-3-38 所示。

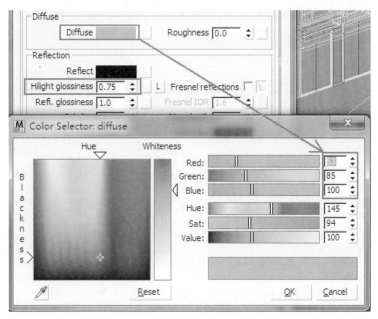

图 5-3-38 【Diffuse】颜色及【Hilight Glossiness】设置

（2）设置完的窗框材质球效果如图 5-3-39 所示。

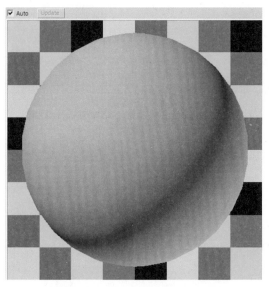

图 5-3-39 窗框材质球效果

4. 格栅材质

材质特点：金属铝板，表面光滑，具有模糊反射的效果。

材质设置流程：

（1）按【M】键打开【Material Editor】（材质编辑器），找到"格栅"材质球，将【Diffuse】的颜色设置为 R=70、G=75、B=86，如图 5-3-40 所示。

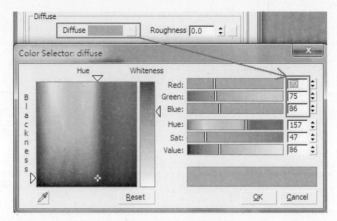

图 5-3-40 【Diffuse】颜色设置

（2）将【Reflection】下的【Reflect】颜色设置为 R=5、G=5、B=5，并将其【Hilight glossiness】值改为 0.75，【Refl. glossiness】值改为 0.8，让其高光和反射均有模糊的感觉，如图 5-3-41 所示。

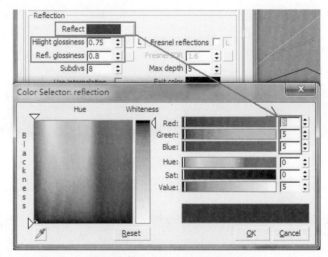

图 5-3-41 【Reflection】颜色设置

（3）设置完的格栅材质球效果如图 5-3-42 所示。

图 5-3-42 格栅材质球

5. 不锈钢材质

材质特点：一般是冷灰色，表面光滑且有较强的反射效果。

材质设置流程：

（1）按【M】键打开【Material Editor】（材质编辑器），选择不锈钢材质球，将其材质类型由【Standard】转换为【VRayMtl】，将【Diffuse】的颜色设置为 R=100、G=110、B=115，如图 5-3-43 所示。

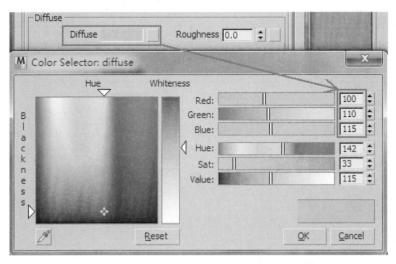

图 5-3-43 【Diffuse】颜色设置

（2）在【Reflection】下将【Reflect】的颜色设置为 R=190、G=190、B=190，使不锈钢材质具有反射效果，如图 5-3-44 所示。

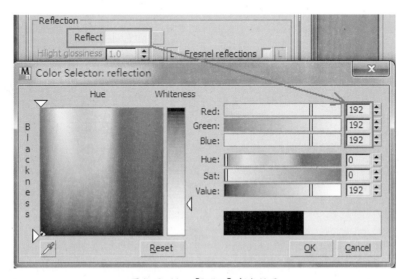

图 5-3-44 【Reflect】颜色设置

（3）设置完的不锈钢材质球如图 5-3-45 所示。

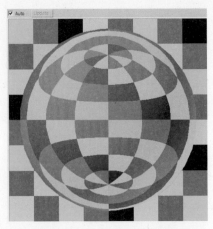

图 5-3-45　不锈钢材质球效果

6. 雨棚玻璃材质

材质特点：跟其他玻璃的特性一样，在本章中颜色偏绿，反射效果小一些。

材质设置流程：

（1）参照 5.3.2 节第 2 小节中玻璃材质的调节方法设置本案例的玻璃材质参数，颜色稍微偏绿一些。

（2）设置完的雨棚玻璃材质球如图 5-3-46 所示。

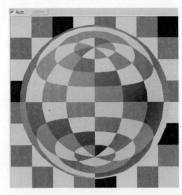

图 5-3-46　雨棚玻璃材质球效果

7. 台阶材质

材质特点：抛光大理石材质，有反射，拼缝有凹凸。

材质设置流程：

（1）按【M】键打开【Material Editor】（材质编辑器），找到台阶的材质球，点击【Diffuse】（固有色）右侧的按钮，选择【Bitmap】（位图），选中贴图"archmapsmore03580.jpg"，点击【OK】，为其添加一张台阶的贴图。将其【Reflection】下的【Reflect】颜色调整为 R=15、G=15、B=15，并将【Hilight glossiness】值设

置为 0.8，【Refl. glossiness】值设置为 0.85，如图 5-3-47 所示。

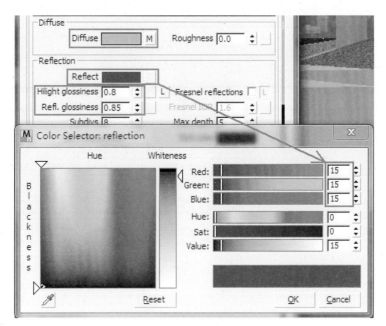

图 5-3-47　给台阶添加贴图

（2）由于本贴图是两块大理石，中间和两侧的拼缝距离都过大，所以需要对其选取使用范围。点击展开【Maps】（贴图）卷展栏，点击【Diffuse】（固有色）通道后的贴图，展开【Bitmap Parameters】卷展栏，在【Cropping/Placement】（裁剪 / 布局）下勾选【Apply】（应用）复选框；点击【View Image】（查看图像）按钮，在弹出的贴图窗口中选择贴图范围，如图 5-3-48 所示。

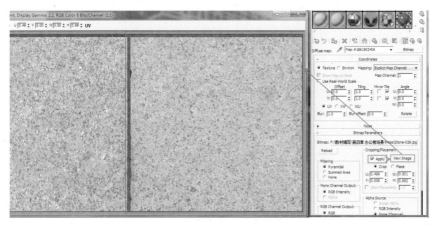

图 5-3-48　台阶贴图

（3）为了模拟台阶大理石面与拼缝的凹凸效果，需要在【Bump】（凹凸）通道中添加一张大理石的凹凸贴图。左键点住【Diffuse】通道的贴图按钮不放，向下拖拽到【Bump】通道后放开，在弹出的对话框中选择【Instance】（关联）方式复制贴图，并设置【Bump】强度为 5，如图 5-3-49 所示。

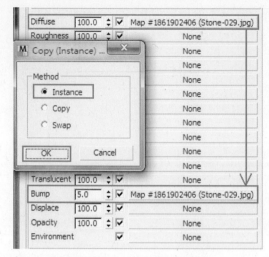

图 5-3-49　复制贴图到 Bump 通道

（4）调节其【UVWmap】参数为"800mm×800mm×800mm"，并调整坐标，如图 5-3-50、5-3-51 所示。

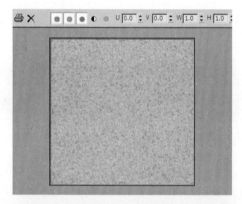

图 5-3-50　台阶贴图

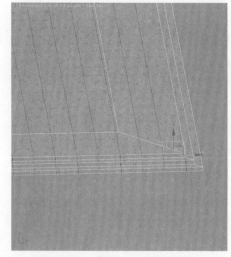

图 5-3-51　【UVW Mapping】坐标位置

（5）设置完的台阶材质球效果如图 5-3-52 所示。

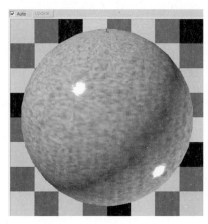

图 5-3-52　台阶材质球效果

8. 其他材质

场景中还有一些别的材质，如马路、草地、人行道等等。这些材质的调节请参考案例中的源文件进行学习，本书中就不再赘述了。材质调节完的场景效果如图 5-3-53 所示。

图 5-3-53　材质调节好的场景

5.3.3　灯光设置

1.VRay 渲染器设置

在进行灯光设置之前，我们需要对 VRay 渲染器参数进行测试图设置（草图设置），这些设置能够提升我们在测试图时的渲染速度，提高工作效率。测试图的渲染尺寸为"1000×1414"（像素）。

2. 主光源设置

本场景要表现黄昏时的效果，所以主光源仍然为太阳光。黄昏时太阳光投射到物体上产生的影子比较长，影子边缘比较清晰，而且阳光颜色更暖一些。把握住这些特点之后我们就可以布置灯光了。

（1）进入创建面板，点击灯光按钮，在下拉菜单中选择【Standard】（标准），点击【Target Direct】（目标平行光），在顶视图中拖拽鼠标创建 Target Direct，如图 5-3-54、图 5-3-55 所示。

图 5-3-54　选择创建 Target Direct

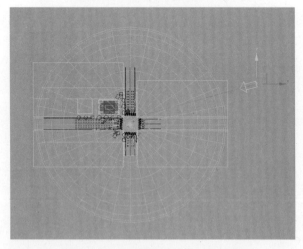

图 5-3-55　在顶视图中创建 Target Direct

（2）切换到前视图，调整太阳的高度。由于是黄昏，太阳的高度不需要太高，如图 5-3-56 所示。

图 5-3-56　调整太阳光的高度

（3）进入编辑面板，展开【General Parameters】（一般参数）卷展栏，勾选【Shadow】（阴影）下的【On】（打开）复选框，让太阳光产生阴影，并且将阴影方式选择为【VRayShadow】（VRay 阴影），如图 5-3-57 所示。

图 5-3-57　打开阴影设置

（4）黄昏的阳光有明显的暖色倾向，而且照射强度相对偏低。展开【Intensity/Color/Attenuation】（强度 / 颜色 / 衰减）卷展栏，将【Multipiler】（倍增）值改为 0.8，将其颜色调整为 R=238、G=198、B=163，如图 5-3-58 所示。

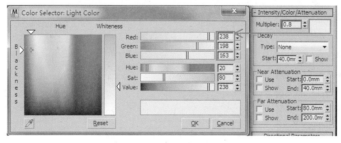

图 5-3-58　更改太阳光的颜色

（5）展开【Directional Parameters】（平行光参数）卷展栏，将【Hotspot/Beam】（热光区 / 光柱）数值改为 150923.0mm，将【Falloff/Field】（衰减 / 范围）数值改为 150925.0mm。注意如果先改动【Hotspot】数值的话，【Falloff】栏里面的数值会自动改变。光柱形态选择【Circle】（圆形），如图 5-3-59 所示。

图 5-3-59　更改热光区和衰减区参数

（6）黄昏时物体的影子边缘还是比较清晰的，所以不需要过多地表现影子边缘的变化。展开【VRayShadow parameters】（VRay 阴影参数）卷展栏，将【Bias】（偏移）值改为 0，勾选【Area shadow】（区域阴影）复选框，选择【Sphere】（球形）方式，将【U size】、【V size】、【W size】，分别改为 100mm、100mm、100mm，如图 5-3-60 所示。

图 5-3-60　更改 VRay 阴影参数

（7）按【Shift+4】进入灯光视图，观察现在的灯光照射角度，如图 5-3-61 所示。

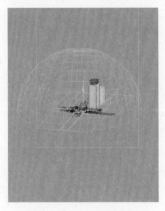

图 5-3-61　灯光视图

（8）按【C】进入相机视图，进行渲染测试，效果如图5-3-62所示。

图 5-3-62　太阳光测试渲染图

3. 辅助光源设置

由测试图可以看出整体场景已经变亮了，但是暗部还是过于暗了，所以我们需要为场景创建补光，以稍微提亮暗部。

（1）进入创建面板，点击灯光按钮，在下拉菜单中选择【Standard】（标准）。点击【Omni】（泛光灯），在顶视图点击鼠标创建泛光灯，如图5-3-63所示。

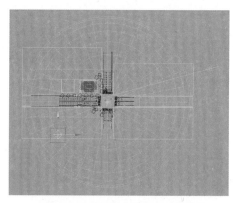

图 5-3-63　在顶视图中创建泛光灯

（2）切换到前视图，调整补光的高度，如图5-3-64所示。

图 5-3-64　调整补光的高度

（2）展开【Intensity/Color/Attenuation】（强度/颜色/衰减）卷展栏，将【Multipiler】（倍增）值改为0.1，将其颜色调整为R=157、G=132、B=96，如图5-3-65所示。

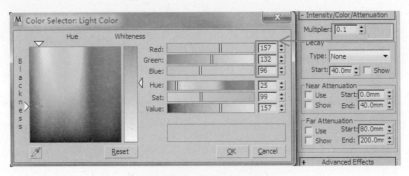

图5-3-65 更改补光的颜色

（3）由于仅仅是为了提亮暗部，所以不需要打开阴影，也不需要打开衰减。按【C】键进入相机视图，进行渲染测试，效果如图5-3-66所示。

图5-3-66 补光之后的测试渲染图

到此，就可以进行正式图的渲染了。

5.3.4　渲染正式图

（1）首先设置正式图的图像大小。按【F10】打开渲染设置面板，选择【Common】（常见）标签，将【Area to Render】（渲染区域）改为【Blowup】（放大渲染），在相机视图中进行选框的范围选择；然后将【Output Size】（输出尺寸）中的【Width】（宽度）值改为3000像素，【Height】（高度）值改为4242像素，如图5-3-67所示。

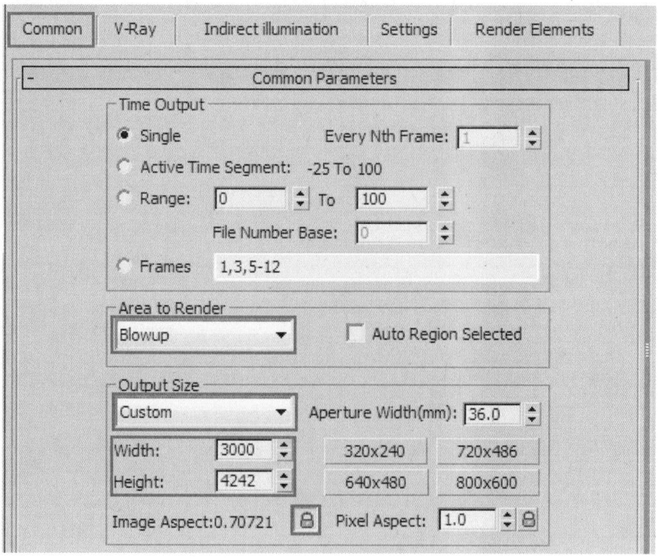

图 5-3-67　渲染尺寸设置

（2）对 VRay 渲染器进行正式图设置。选择【V-Ray】标签，展开【V-Ray：Image sample】（Antialiasing）（采样、抗锯齿）卷展栏，将【Image sample】（采样）下的【Type】（类型）选择为【Adaptive DMC】（自适应 DMC），勾选【Antialiasing Filter】（抗锯齿过滤器）下的【On】（打开）复选框，并将过滤器选择为【Catmull-Rom】，如图 5-3-68 所示。展开【V-Ray：Camera】（相机）卷展栏，勾选【Motion blur】（运动模糊）下的【On】（打开）复选框，激活 VRay 运动模糊效果，将【Duration】（Frames）值改为 1.2，如图 5-3-69 所示。选择【Indirect illumination】（间接照明）标签，展开【Irradiance map】（发光贴图）卷展栏，将【Current preset】（当前预设）选择为【Custom】（自定义），将【Min rate】（最小比率）改为 -3，【Max rate】（最大比率）改为 -1。设置完毕，点击【渲染出图】按钮即可。在保存最终图像时选择保存为 TGA 格式，因为 TGA 格式的图片质量是最好的。最终的渲染效果如图 5-3-71 所示。

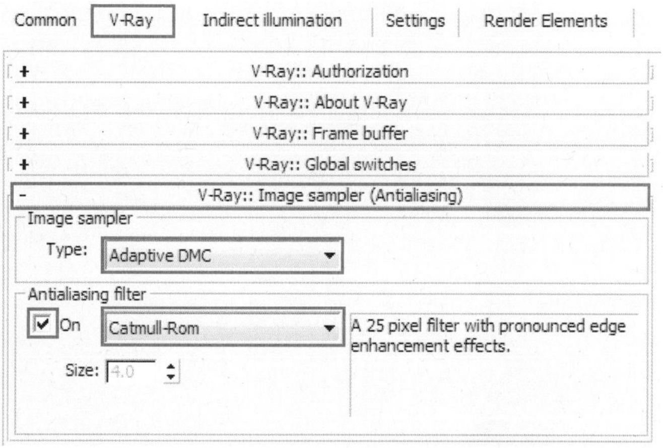

图 5-3-68　渲染正式图时采样与抗锯齿的参数设置

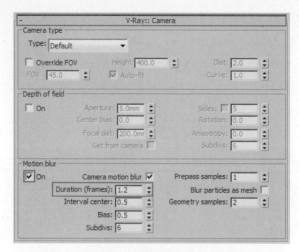

图 5-3-69 打开运动模糊并更改运动模糊的参数

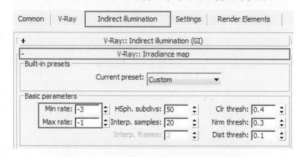

图 5-3-70 更改正式图发光贴图参数

图 5-3-71 最终渲染效果

5.3.5 渲染通道

为了便于在 Photoshop 中选择各部分材质以及添加素材，在渲染出正式图之后还要渲染彩色的通道。其流程如下：

（1）删除或者关闭场景内的所有灯光，其他参数保持不变。

（2）按【M】键打开材质编辑器，将其材质类型转换为【Standard】（标准材质）；然后调节【Diffuse】的颜色，将【Self-Illumination】（自发光）值改为100；在【Specular Highlights】（高光）下将【Specular Level】（高光等级）值改为0；其他参数保持不变，将通道中所有的贴图都删除掉，如图5-3-72所示。

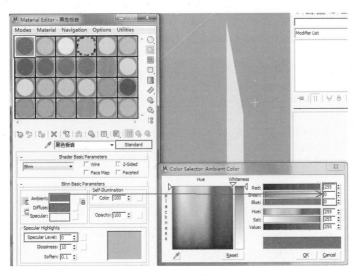

图5-3-72　通道材质设置

（3）将所有材质按照上述方法设置好之后进行渲染出图，同样保存为TGA格式的图片。最终的通道渲染图如图5-3-73所示。

图5-3-73　彩色通道图

5.4 后期 Photoshop 处理

5.4.1 分析最终渲染图

在进入后期处理阶段时，首先要知道自己的表现图存在哪些问题，之后才能进入 Photoshop 进行调整。最终效果图如图 5-4-1 所示，由图可知：

图 5-4-1 渲染效果

（1）建筑前后层次拉开不够，需要添加一些景深效果。

（2）周围环境亮度需要进行微调。

（3）玻璃的反射内容不太明显而且主楼体玻璃与天空并没有很好地区分。

另外，由于项目是全模制作，所以并不需要后期添加人物和植物等配景。

5.4.2 后期制作流程

1. 打开并合并渲染图与通道图

打开 Photoshop，选择【文件】→【打开】，打开渲染图以及通道图。选择通道图，按住【Shift】，选择移动工具，点住通道图拖拽到渲染图中，并在图层栏里面将通道图（图层 1）放置于渲染图（图层 0）的下面，如图 5-4-2 所示。

图 5-4-2　将通道图层移动到渲染图层下

（2）取消渲染图图层的显示。选中通道图层，点击菜单栏【选择】→【色彩范围】，在弹出的对话框中将色彩容差值更改为40，然后用吸管在天空的位置吸取天空的颜色，点击【确定】，如图 5-4-3 所示。

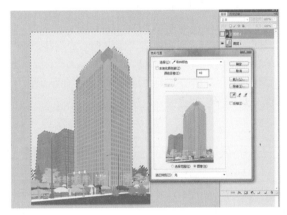

图 5-4-3　通过色彩范围选择材质

（3）选择渲染图图层，按【Ctrl+J】复制选中的区域到新的图层，如图 5-4-4 所示。

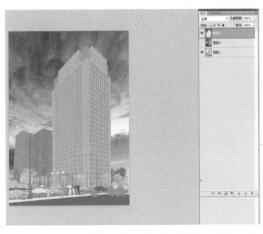

图 5-4-4　选中图层 0 之后按 Ctrl+J 复制出来的天空

（4）按照步骤（2）~（3），将石材饰面、玻璃、门框窗框、台阶、马路、人行道、格栅、汽车、树木等材质选择出来，并各自复制到新图层，如图 5-4-5 所示。

图 5-4-5　复制各材质图层

（5）使用亮度 / 对比度、色相 / 饱和度、色彩平衡等工具来调整各个图层的效果，将图中存在的问题解决。最终效果如图 5-4-6 所示。

图 5-4-6　最终效果

第6章 VRay 渲染问题集锦

VRay 渲染器是由 Chaos group 和 asgvis 公司出品，在中国由曼恒公司负责推广的一款高质量渲染软件，是目前业界最受欢迎的渲染引擎。基于 VRay 内核开发的软件有 VRay for 3ds Max、Maya、Sketchup、Rhino 等诸多版本，为不同领域的优秀 3D 建模软件提供了高质量的图片和动画渲染。除此之外，VRay 也可以提供单独的渲染程序，方便使用者渲染各种图片。VRay 渲染器提供了一种特殊的材质——VRayMtl，在场景中使用该材质能够获得更加准确的物理照明（光能分布）、更快的渲染，同时反射和折射参数调节更方便。使用 VRayMtl，可以应用不同的纹理贴图，控制其反射和折射，增加凹凸贴图和置换贴图，以及选择用于材质的 BRDF 等。

6.1 线框效果图的制作和渲染

在使用 3ds Max 制作效果图时，通常会将效果图渲染为线框效果，如图 6-1-1 所示。

图 6-1-1　线框效果图

实现该效果的具体步骤如下：

（1）单击主要工具栏上的 按钮（或按键盘上的【M】快捷键），打开材质编辑器，选择一个新材质球。单击右侧的【Standard】（标准）按钮，在弹出的贴图浏览器中，展开 V-Ray 卷展栏，选择【VRayMtl】（VR 材质）材质类型。

（2）返回材质编辑器，单击【Diffuse】右侧的按钮，在弹出的材质 / 贴图浏览器中选择【VRay Edges Tex】（VR 边材质），如图 6-1-2 所示。

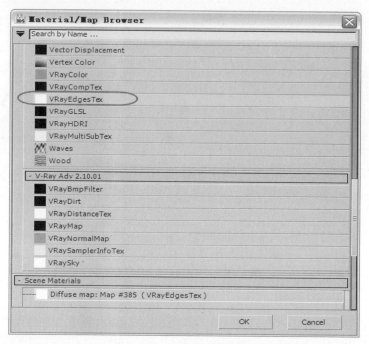

图 6-1-2　材质／贴图浏览器

（3）设置【Color】（线框颜色）为黑色或白色，当然也可设为其他颜色，如图 6-1-3 所示。

图 6-1-3　【VRayEdgesTex】（VR 边材质）对话框

（4）将材质赋予场景对象，渲染即可生成如图 6-1-1 所示的线框效果图。

6.2 找不到 VRay 材质的问题解决方案

在材质编辑器中试图使用 VRay 专用材质和 VRay 专用贴图时，可能出现在材质样式对话框里找不到如图 6-2-1、6-2-2 所示的材质和贴图类型（注：在 VRay 渲染器安装成功的情况下）的情况。

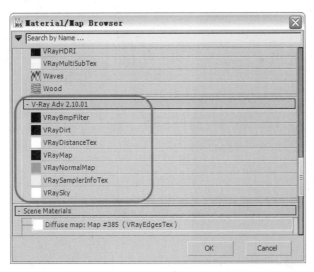

图 6-2-1 材质贴图浏览器（贴图类型）

图 6-2-2 材质贴图浏览器（材质类型）

解决方案如下：

（1）按【F10】快捷键，打开【Render Setup】（渲染设置）对话框。

（2）选择【Common】（通用）选项卡（默认显示），单击该对话框最下方的【Assign Remderer】（指定渲染器）卷展栏。默认情况下系统的渲染器是【Default Scanline Renderer】（默认扫描线渲染器）或【Mental Ray Renderer】渲染器。

（3）单击右侧的 按钮，从列表中选择 VRay 渲染器，如图 6-2-3 所示。

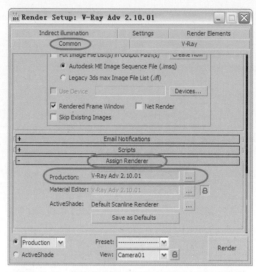

图 6-2-3　在渲染设置对话框中指定 VRary 渲染器

此时打开材质编辑器，即可从材质 / 贴图浏览器对话框中找到如图 6-2-1 和 6-2-2 所示的 VRay 材质。

6.3　VRay 材质属性的材质球呈黑色的问题解决方案

当打开一个带有 VRay 专用材质的场景文件时，如果没有设置 VRay 为当前渲染器，则材质编辑器中的 VRay 专用材质是黑色的，如图 6-3-1 所示。

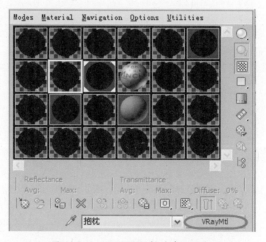

图 6-3-1　VRay 属性材质球呈黑色

出现以上问题的原因是，在渲染设置对话框的【Assign Renderer】（指定渲染器）卷展栏下，当前的渲染器已被指定为 VRay 渲染器，但是在【Material Editor】选项中没有指定 VRay 渲染器，如图 6-3-2 所示。

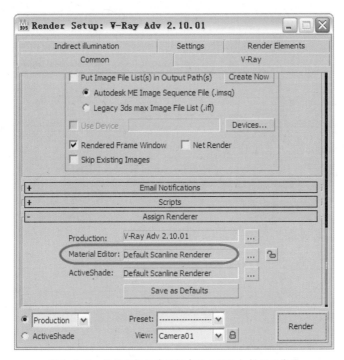

图 6-3-2　材质编辑器选项栏中显示默认扫描线渲染器

解决方案：

设置【Material Editor】的当前渲染器为 VRay 渲染器，并激活小锁按钮，此时材质编辑器的材质球才能正常显示。如果想在 3ds Max 默认情况下使用 VRay，只要在设置完 VRay 渲染器后，点击【Save as Defaults】（保存为默认设置）按钮即可。

6.4　VRay 渲染时背景曝光的问题解决方案

有时在使用 VRay 渲染器渲染带有背景的效果图时，背景会有曝光的现象。

其原因之一是在场景没有使用灯光的情况下打开了默认灯光设置，如图 6-4-1 所示。

解决方法：将【Default lights】（默认灯光）设置为【Off】（关闭）。

其原因之二是选中了【Affect background】（影响背景）复选框，如图 6-4-2 所示。

解决方法：将【Affect background】（影响背景）复选框取消选中即可。

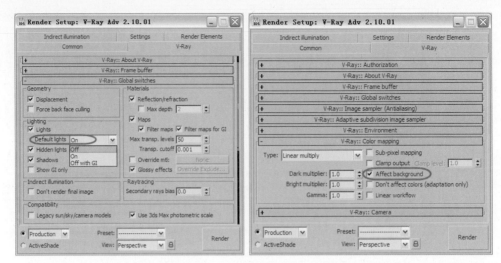

图 6-4-1　打开了默认灯光设置　　　图 6-4-2　打开了【Affect background】（影响背景）选项

6.5　VRay 渲染时画面有红斑点现象的解决方案

有时在使用 VRay 渲染器渲染效果图时，渲染图像中有红色斑点。其原因是场景物体的材质使用了 3ds Max 内置的【Matte/Shadow】（无光／投影）贴图类型或【Raytrace】（光线跟踪）材质类型，如图 6-5-1 所示。

图 6-5-1　材质／贴图浏览器

解决方案：

将【Matte/Shadow】（无光／投影）贴图类型更改为 VRay 属性的贴图类型，将【Raytrace】（光线跟踪）材质类型设置为 VRayMtl 材质就可以解决这类问题。

6.6　VRay 渲染时场景中有漏光现象的解决方案

在渲染室内效果图时，虽然模型的点线面都已对齐，也使用捕捉工具对齐了，但有时还是会出现室内边角漏光现象。

解决方案：

（1）将 VRay 渲染器中的【Irradiance map】（发光贴图）卷展栏中的【Min rate】（最小比率）和【Max rate】（最大比率）值适当调大（设置为 –1 和 2 就可以了）。而且【Interp.samples】（插值帧数）的值不要过大，需控制在 30 之内。

（2）关掉 VRay 的天光设置。

（3）窗口如果创建了 VRay Light 灯光作为场景的灯光，选择该灯光并在其参数面板中勾选【Skylight portal】（光线入口）复选项，就可以代替天光了。

（4）除了窗口之外，其余部分均用一个立方体罩住；或者将房间塌陷，再应用【Shell】（壳）修改命令，制作出一个更大的壳，将除了窗户外的房间罩住。

6.7　VRay 渲染时画面有黑斑的问题解决方案

有时在渲染效果图时，画面中有黑斑，影响整体效果。

解决方案：

（1）针对发光贴图，在 VRay 渲染器面板中的【Irradiance map】（发光贴图）卷展栏中将【Current preset】（预设模式）设置为中等以上。将【Interp.samples】（插值采样）参数调高可柔化黑斑，但不要超过 50，否则会使画面"发飘"。然后相应地增加【Hsph.subdivs】（半球细分）和其他参数的细分值，如图 6-7-1 所示。

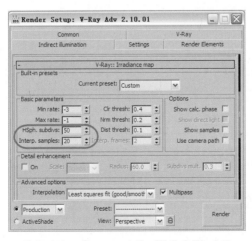

图 6-7-1　【Interp samples】（插值采样）参数

（2）选择场景中的灯光，单击鼠标右键，选择【VRay light properties】，打开 VRay 灯光属性对话框，增大漫射倍增灯光细分参数（增大到 1000~3000 左右），如图 6-7-2 所示。

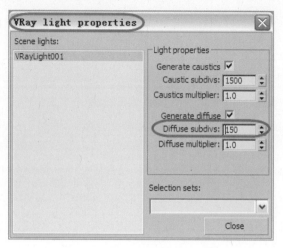

图 6-7-2　VRay 灯光属性对话框

6.8　VRay 渲染时白墙发灰的问题解决方案

有时在制作效果图时，编辑了白色乳胶漆材质，但是渲染之后墙面呈灰色而不是白色。

解决方案：

（1）打开材质编辑器，选择已编辑的白色乳胶漆材质球，单击【VRay Mtl】按钮，从弹出的材质 / 贴图浏览器中选择【VRayMtlWrapper】（VRay 包裹材质）材质类型，如图 6-8-1 所示。

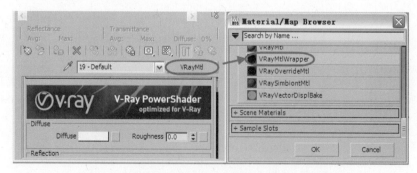

图 6-8-1　【VRay MtlWrapper】（VRay 包裹材质）材质类型

（2）加大【Genrate GI】的值可使整个场景变亮，但渲染时间会加长，场景也会变粉，色溢会加大。

（3）加大【Receive GI】的值可使墙面变白，而场景中的其他物体无变化，场景基本上不会变粉，色溢也会加大。

所以，如果只需要加亮整个场景，则可适当加大【Genrate G】；如果只需要使墙面变白，加大【Receive GI】即可，如图 6-8-2 所示。

图 6-8-2　Genrate GI 和 Receive GI 参数

6.9　VRay 渲染时自动关闭的问题解决方案

在使用 3ds Max/VRay 渲染时会遇到渲染中途内存使用量特别高，然后就自动关闭软件的情况。

解决方案：

（1）打开 VRay 渲染器，打开【Irradiance map】（发光贴图）卷展栏，将【Detail enhancement】（细节增强）选项勾选，将【Scale】（缩放）方式设置为【Screen】（屏幕），如图 6-9-1 所示。如果选择的是【World】（世界）就会造成内存使用过量而引起以上问题。

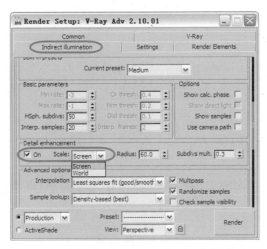

图 6-9-1　勾选【Detail enhancement】（细节增强）选项

（2）如果是 32 位的 Windows XP 系统，在内存使用总量超过 1.83 GB 时，3ds Max 就会自动跳出。解决方法是打开"我的计算机 / 属性 / 高级 / 启动和故障恢复 / 设置 / 编辑"，在打开文件的结尾后加入"/PAE /3GB"参数，然后重启计算机即可。

如：

[boot loader]

timeout=0

default=multi（0）disk（0）rdisk（0）partition（1）\WINDOWS [operating systems]

multi（0）disk（0）rdisk（0）partition（1）\WINDOWS="Microsoft Windows XP Professional" /noexecute=optin /fastdetect /PAE /3GB

6.10　VRay 渲染时出现色溢现象时的解决方案

渲染效果图场景时，经常出现物体之间颜色的渗透现象，也就是常说的"色溢"。轻微的色溢可以使场景更加真实，但是过重的色溢将使图像变得很怪，难以满足商业客户的需求。

解决方案：

（1）在视图中单击鼠标右键，从弹出的快捷菜单中选择【VRay properties】（VR 物体属性）选项，在【VRay properties】对话框中，调节【Generate GI】（产生全局照明）的数值为 0.5，降低其产生的全局照明值来减少画面中的色溢现象，如图 6-10-1 所示。

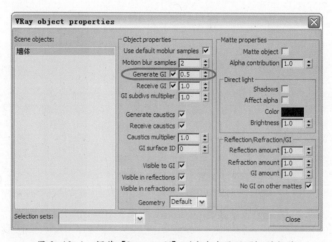

图 6-10-1　调节【Generate GI】（产生全局照明）的数值

（2）也可以使用 VRay 材质包裹，降低其 GI 产生值【Generate GI】，这样也能降低画面中的色溢现象。